U0303093

地质灾害下油气管道力学

梁　政　张　杰　韩传军　著

科学出版社

北京

内 容 简 介

本书为第一部考虑地质灾害作用下油气管道力学的系统研究专著，为石油、天然气管道的设计、制造、敷设、安全评价、修复及防护工程等提供理论基础。本书在系统分析地质灾害下石油、天然气输送管道失效形式及失效原因基础上，基于有限元原理，建立地震断层、山体滑坡、危岩崩塌、地层沉降、地面超载等地质灾害下油气管道力学计算模型，对不同工况下的管道力学行为进行研究。同时，研究定向穿越油气管道在运营过程中的凹陷行为和挤毁行为。最后，设计一种油气管道防护装置，并对其可行性和可靠性进行分析。

本书可供油气管道设计、制造、安全评价领域的技术人员及研究院所、高等院校师生参考使用。本书研究的各类地质灾害下油气管道力学现象及规律可以直接应用于管道的设计计算与安全评价。本书的研究方法可供其他涉及管道力学行为研究的人员借鉴。

图书在版编目（CIP）数据

地质灾害下油气管道力学/梁政，张杰，韩传军著. —北京：科学出版社，2016.2

ISBN 978-7-03-047294-6

Ⅰ. ①地… Ⅱ. ①梁… ②张… ③韩… Ⅲ. ①石油管道–工程力学–研究 ②天然气管道–工程力学–研究 Ⅳ. ①TE973.1

中国版本图书馆 CIP 数据核字（2016）第 021093 号

责任编辑：张 展 罗 莉 / 责任校对：陈 靖 刘 勇
责任印制：余少力 / 封面设计：墨创文化

科学出版社 出版
北京东黄城根北街 16 号
邮政编码：100717
http://www.sciencep.com

四川煤田地质制图印刷厂 印刷
科学出版社发行 各地新华书店经销
*
2016 年 2 月第 一 版 开本：720×1000 1/16
2016 年 2 月第一次印刷 印张：13
字数：260 560
定价：119.00 元
（如有印装质量问题，我社负责调换）

目　　录

第1章 绪 论

1.1 研究背景及意义

随着国民经济发展及工业化水平提高，我国对石油、天然气的需求量逐步增大，而国内油气资源的勘探与开发无法满足需要，很大比重依靠进口。我国从1993年开始成为原油净进口国，2009年的进口原油依存度首次超过国际警戒线的50%；2014年，我国石油对外依存度升至59.5%，较2013年上升1.1个百分点，2015年的石油对外依存度将超过60%[1]。因而，石油、天然气既是重要的能源，又是重要的战略物资，它们直接影响着国民经济的可持续发展，也关系到国家安全。

管道作为石油、天然气最快捷、经济、可靠的运输方式，被称为油气田生命线工程，其结构安全性和可靠性日益突出并受到广泛关注[2]。

截至2014年，全球油气管道总里程约达$196×10^4$km，其中原油管道约为$38.1×10^4$km，成品油管道约$26.7×10^4$km，天然气管道约$129.9×10^4$km，天然气管道已占全世界管道总里程的66.3%[3]。表1-1为全世界各地区油气管道里程统计，表中可见，北美洲拥有全世界最发达的管网系统[4]。截至2014年，中国油气管道总里程已经达到$10.7×10^4$km，其中原油管道$2.56×10^4$km；成品油管道$2.1×10^4$km；天然气管道$6×10^4$km，占油气管道总长的52%[5, 6]。如表1-2所示，2009年以来建成及在建的4条原油进口管道和6条天然气进口管道，为我国提供了较强的石油和天然气进口能力。

表1-1 世界各地区油气管道里程统计[4]

区域划分	管道里程/km			
	原油管道	成品油管道	天然气管道	总里程
亚太地区	40200	48891	176770	265881
北美洲	126600	122700	503200	752500
欧洲	18300	21900	172300	212500
西亚地区	25000	16000	44000	85000
苏联地区	90000	20000	270000	380000
中美洲	10254	10800	19950	41004
南美洲	32400	19400	71600	123400
非洲	37800	20400	41300	99500

表 1-2　中国油气资源进口管道概况[4]

管道名称		长度/km	设计输量	建设年份
中哈原油管道		1300	1200×10^4t	2009
中俄原油管道		926	1500×10^4t	2011
中缅原油管道		1361	2200×10^4t	2015
漠大管道		926	2000×10^4t	2014
中亚天然气管道	A 线	1833	300×10^8m³	2009
	B 线	1833	300×10^8m³	2010
	C 线	1833	250×10^8m³	2014
	D 线	1000	300×10^8m³	2014
中缅天然气管道		1727	120×10^8m³	2013
中俄天然气管道东线		3450	380×10^8m³	2015

　　我国 20 世纪 60 年代建设第一条输气管道（巴渝线）后，经过 50 余年的发展，至 2012 年年底，我国天然气主干管道总里程约 5.5×10^4km，初步形成了以西气东输一线、西气东输二线、川气东送、陕京线一线、陕京二线、陕京三线等天然气管道为主干线，以兰银线、淮武线、冀宁线为联络线的国家基干管网；同时川渝、华北、长江三角洲等地区已经形成相对完善的区域管网，"西气东输、海气登陆、就近供应"的供气格局基本形成[7]。

　　长输油气管道的敷设方式可分为地上敷设和地下敷设。

　　地上敷设又称为架空敷设，根据支架高度，可将其分为低支架敷设、中支架敷设和高支架敷设。当管道跨越山谷、河流、藻泽、沙漠及永久冻土带时宜采用地上敷设。

　　对于干线（长输）油气管道，98%采用地下敷设，按其敷设形式可分为地沟敷设和埋地敷设。地下敷设管道具有施工简单、占地面积小、节省投资、不影响交通和农耕作业等优点。

　　近年来，水平定向钻技术以其精确导向、施工周期短、综合效率高等优势，在石油天然气管道施工中得到了广泛应用[8]。

　　但是，由于埋地管道与岩土直接接触，因而其受地层影响较大，特别是长输管线跨越范围广阔，管道沿线地质环境复杂，极易受到各种地质灾害的威胁，易造成管道大变形、断裂等失效形式，从而导致油气泄漏，造成管线停输、污染环境，不仅带来巨大经济损失，甚至导致火灾、爆炸等事故，给国家和人民的财产、生命安全带来威胁。因而，研究地质灾害下的油气管道力学对管道设计、敷设施工、安全评价、维修和防护等具有重要理论意义和工程应用价值。

1.2　管道沿线地质灾害类型及危害

我国地域辽阔，地质条件复杂，而长输油气管道需要穿越多个地区，管道沿线地质灾害频发且较为复杂。根据地质灾害产生的原因，可将其分为三大类[9]：

（1）地壳内部构造引起的地质灾害，包括地震、地面塌陷（沉降）、地表裂缝等。

（2）地壳外部构造引起的地质灾害，包括滑坡、泥石流、洪水、沙埋、风蚀等。

（3）特殊土体导致的地质灾害，包括湿陷性黄土、膨胀土、盐渍土、冻土等引起的灾害等。

根据统计资料，我国主要管道地质灾害分布情况如表 1-3 所示。

表 1-3　我国主要管道地质灾害分布情况[10]

地区	主要管道	沿线主要地质形态	主要地质灾害隐患
西部	西气东输（二线）、鄯乌线、格拉线、涩宁兰	塔里木盆地、天山、戈壁沙漠、青藏高原	滑坡、泥石流、风蚀沙埋、盐渍土、地震断层、冲沟
中部	西气东输、陕京（二线）、马惠宁、兰郑长	鄂尔多斯高原、黄土高原、山西山地、临汾盆地	滑坡、泥石流、洪水、采空塌陷、断层、黄土湿陷
西南	川气出川、忠武、兰成渝	川东、渝中和鄂西为主的低山区	崩塌、滑坡、泥石流、塌陷、断层
东部	西气东输、甬沪宁、仪长	黄淮海平原、长江三角洲、低地丘陵	地面沉降、地裂缝、采空塌陷、洪水

忠武输气管道和川气东送管道分别于 2004 年和 2009 年竣工并投产运营，它们穿越川东至鄂西山区，该地段为典型的地质灾害多发区。据 2010 年对这两条管线的统计结果，发现管道沿线地质灾害发育量较大，主要为滑坡（含潜在不稳定斜坡）、崩塌（危岩、高边坡）和水毁（坡面水毁、河沟道水毁、台田地水毁）[11]，如表 1-4 所示。

李效萌等对中缅管道安顺—贵阳段沿线进行地质调查，发现灾害点 34 处，主要为滑坡、崩塌、不稳定斜坡、地面沉降等（表 1-5）[12]，该地区管道沿线地质灾害发育相对集中、分布密度大。

2002 年 7 月西气东输管道工程开始兴建，主要任务是将新疆塔里木盆地的天然气送往豫皖江浙沪地区，主干管道全长 4000km。沿线经过新疆、甘肃、宁夏、山西、河南、安徽、江苏、上海、浙江 10 个省市区，跨越了青藏高原、黄土高原、山西山地、皖苏丘陵平原、长江三角洲等地区，沿线主要地质灾害类型及数量如表 1-6[13]所示。

表 1-4　忠武/川气东输管道山区主要地质灾害（2010 年）[11]

类型	滑坡/处	崩塌/处	水毁/处	其他
忠武管道	23	22	1351	1
川气东送管道	48	42	341	0

表 1-5　中缅管道安顺—贵阳段地质灾害统计结果[12]

灾害类型	数量/个	百分比/%	面积/($\times 10^4 m^2$)	体积/($\times 10^4 m^3$)
滑坡	3	8.8	0.7	5.2
崩塌	17	50.0	2.7	10.3
不稳定斜坡	4	11.8	0.6	4.1
地面沉陷	10	29.4	0.4	-
总计	34	100	4.4	19.6

表 1-6　西气东输地质灾害统计[13]

灾害	新疆	山西	陕西	河南	甘肃	宁夏	安徽	苏浙沪	总计
滑坡/处	-	34	84	1	-	34	1	2	155
崩塌/处	3	45	6	1	-	-	5	-	60
泥石流/条	2	15	84	1	83	24	-	-	209
盐渍土/km	501.2	-	20.4	-	15.0	47.8	-	-	584.4
采空塌陷/处	-	19	5	63	-	9	3	-	99
地裂缝/处	-	32	-	11	-	-	-	-	43
地面沉降/km	-	15.0	-	176.5	-	182.9	-	-	374.4
砂土液化/km	-	14	-	-	85	38.3	20.9	-	158.2
黄土湿陷/km	-	107.2	185.0	51	-	-	-	-	343.2
瓦斯爆炸/处	-	2	2	-	-	2	-	-	6
黄土潜蚀/处	-	-	268	-	-	-	-	-	268
膨胀土/处	-	-	-	-	-	2	9	-	11

　　地质灾害对管道工程的危害表现为两个方面：一是管道建设施工期间，地质灾害容易导致施工人员受伤、施工机具损坏；二是管道运营期间，地质灾害对管道本体及对伴行路、阀室、站场和其他地面设施造成破坏[14]。其中，地质灾害对管道的危害形式多，危害机理较为复杂。地质灾害作用也会引起地层运动和围土变形，管土相互作用及复杂力学行为使得管道发生变形、断裂、弯曲、压缩、扭曲、局部屈曲等失效形式[10]，特别是近年来大口径管道的大范围应用，使围土作用下管道的失效现象更加突出。

1.2.1 地震断层

地震对埋地管道产生破坏的原因有两种：一是永久地面变形，主要有断层错动、滑坡地质构造性上升或沉陷等，永久地面变形的影响范围虽然有限，但它能在较小范围内造成较大的相对位移，导致管道破裂或断裂失效，危害性极大；二是地震波动效应，它虽然影响范围较大，但对管道造成的破坏相对较小[2, 15]。

地壳岩层因受力达到一定强度而破裂，并在破裂面出现明显相对位移的构造现象称为断层，断层可分为正断层、逆断层和走滑断层三类。

地震作用下埋地钢管的破坏形式可分为三类：

（1）管道破坏失效，主要有拉伸失效、局部屈曲失效和梁式弯曲失效三种失效模式[16]。

（2）管道接口破坏失效，破坏形式与连接方式有关。

（3）三通、弯头、闸阀和管道与其他构筑物连接处，由于应变集中的运动相位不一致而造成破坏[17]。

表 1-7 所示为地震断层作用下的管道破坏事故。

表 1-7 地震断层作用下的管道破坏事故[2, 10]

地震灾害	年份	管道破坏形式
美国洛杉矶长岛 6.3 级地震	1933	500 多根水管、煤气管和石油管道破裂
美国圣费尔南多 6.4 级地震	1971	输气和排水管道断裂、屈曲
尼加拉瓜马那瓜地震	1972	输水管道几乎全部破坏
中国海城地震	1975	辽河油田 14 条输油管线 29 处破坏
苏联加兹拉地震	1976	管道折断、断裂、管体裂缝、接头脱落
唐山地震	1976	断裂、漏油、皱褶裂缝、弯曲
墨西哥 8.1 级地震	1985	煤气干管断裂引起爆炸、火灾
澳大利亚滕南特克里克地震	1988	煤气田管道被轴向压缩
美国兰德斯地震	1992	超过 360 根管道发生破坏
美国北岭 6.8 级地震	1994	大量油气管道破裂，引发数百起火灾
日本兵库县南部 7.2 级地震	1995	输气管道漏气引起火灾
云南丽江 7.0 级地震	1996	多处供水管道破裂、爆管
土耳其伊兹米特 7.8 级地震	1999	管道破裂发生原油泄漏引发火灾
昆仑山南麓 8.1 级地震	2001	输油管道出现破坏
阿拉斯加 7.9 级地震	2002	输油管道支持系统十多处破坏

1.2.2 滑坡

滑坡是指斜坡上的土体或者岩体，受河流冲刷、地下水活动、雨水浸泡、地震及人工切坡等因素影响，在重力作用下，沿着一定的软弱面或者软弱带，整体或者分散地顺坡向下滑动的自然现象。运动的岩（土）体称为变位体或滑移体，未移动的下伏岩（土）体称为滑床。

滑坡对线路管道的危害主要表现为[14]：当管道在滑坡下部通过时，滑坡体对管道进行加载；当管道在滑坡中部通过时，管道因承受滑坡体巨大拖拽力而发生弯曲变形、拉裂甚至整体断裂等失效；当管道在滑坡上部通过时，滑坡体作用下管道出现悬空或被拉断。

表1-8为滑坡灾害下部分地区管道破坏事故统计，引发管道滑坡灾害的主要原因可归纳为暴雨导致土体松动、山体地貌和构造失稳、人类建设活动等。由于滑坡灾害处理费时，整治费用高，因而在选定管道线路时，对其应尽量采取绕避方案。对于一般易滑坡段的治理，可以采取适当措施稳定坡体，或者在滑坡体后缘修筑截、排、导水系统，以防地表水汇入滑坡体，在滑坡体前缘运用浆砌片石护坡，防止水流的侧向侵蚀造成抗滑力减小，从而使坡体稳定保证管道安全[9]。

表1-8　滑坡灾害下管道破坏事故

管道	年份	灾害特性	破坏情况
格拉输油管道	1996	暴雨引发横向滑坡	管道砸伤、拉断、漏油，全线停输
巴西成品油管道	2001	暴雨引发土体滑动	管体产生裂纹、断裂，成品油外泄
绵阳中青线管道	2002	地产开发引发滑坡	管道撕裂
重庆开县气管道	2005	滑坡产生泥石流	管道被泥石流压断
重庆沙坪坝气管道	2005	施工、堆土引发滑坡	管道断裂，天然气泄漏爆炸
江油广元输气管道	2005	山体滑坡	弯头被拉断导致天然气泄漏
厄瓜多尔输油管道	2008	降水引发的滑坡	管道被切断，停止石油出口
浙江天然气管道	2008	堆土引发滑坡	管道断裂爆炸
西充县供气管道	2009	暴雨引发山体滑坡	供气主管破裂
巴中—南江输气管道	2011	暴雨引发地质滑坡	输气管道被压破裂，全城停气
泸州输气管道	2012	暴雨冲击山体滑坡	泥石砸断管道，天然气泄漏
广元天然气管道	2013	强降雨引发滑坡	输气管道移位断裂
安塞至永炼输油管道	2013	强降雨引发滑坡	管道破裂，原油泄漏

1.2.3 崩塌

崩塌是我国山区常发生的一种自然灾害,特别是西部山区油气管道沿线,具有分布范围极广、发生突然、发生频率高、难以预防等特点。

崩塌对油气管道的危害主要表现为两个方面:

(1)崩塌落石对管道产生冲击载荷,特别是在高程差较大的区域,落石冲击管道上方覆土产生巨大的瞬时冲击载荷,引起管道变形失稳甚至破裂泄漏;

(2)崩塌落石破坏伴行路,中断交通,影响管道正常维修防护等[18]。

忠武输气管线自 2004 年投入运营以来,落石灾害已成为影响管道安全的最严重地质灾害之一,已发生数起落石冲击管道事件,其中重庆忠县段曾发生落石冲破地表 15cm 厚钢筋混凝土防护板,将管道砸出直径约 30cm 的凹陷[19]。

经调查发现,兰成渝管道阳坝段沿线主要地质灾害类型为崩塌、滑坡、泥石流和不稳定斜坡等,其中崩塌灾害占总数的 50%;主要由于管道和交通干线施工时进行了人工削坡,改变了天然斜坡的平衡条件,侧壁较陡容易产生崩塌。受 2008 年汶川地震的影响,康县段阳坝发生体积近 1000m³ 的崩塌,其中最大块石直径 4m,近 50t 的巨石将兰成渝管道接头处砸开,造成柴油泄漏[20]。

根据中缅管道云南段地质灾害评估资料,中缅管道沿线滑坡及不稳定斜坡 186 处、崩塌 15 处、泥石流 16 处[21],使得中缅管道成为我国乃至世界上建设难度最大的管道工程之一。

1.2.4 地面塌陷

人为和自然地质作用下,地表岩土向下陷落,并在地面形成塌陷坑(洞)的地质现象称为地面塌陷,其主要原因有地下水抽取致塌、渗水致塌、振动致塌、超载致塌、采空致塌等。一旦地表发生塌陷或沉降,会造成埋地管道弯曲变形、悬空或断裂,从而带来安全隐患。

如由于采煤挖空,导致平顶山油气管道发生扭曲变形;2005 年雨水冲击造成广东佛山地面塌陷,导致煤气管道压裂,煤气泄漏;2007 年渗水致南京路面塌陷,导致天然气管道发生断裂爆炸;2007 年 10 月美国圣迭戈出现严重塌方,地面多处下陷,导致地下管道扭曲破裂[10];2010 年 12 月温州西山南路小区人行道沉降严重导致燃气管道接头焊接口出现应力集中突然发生断裂,造成大量燃气泄漏继而引发爆炸事故。

1.2.5 地面超载

在我国城市建设和基础工业施工作业中,经常出现地面堆载甚至超载情况,如在厂房、堆料场、路边、桥头路基等地方堆积大量原材料、垃圾等，甚至出现许多违章建筑物，从而导致软土地基产生变形挤压地下管道，使其发生不均匀沉降、变形等，最后引发安全事故。

特别是我国的长江三角洲、广东、福建沿海地区都广泛分布有海相或湖相沉积软土，其承载能力低、孔隙比大、压缩性高、灵敏度高、易扰动[22]。因而，当地面出现超载情况时，地表局部沉降量大，持续时间长，将对埋地管道造成极大危害。

地面超载对管道的主要破坏形式为[23]：

（1）出现管道"盲段"，常规的检测和维护较为困难。

（2）管道截面变形，降低了清管器的通过性，易造成管道堵塞。

（3）管道出现沉降变形，导致管道破裂，油气泄漏。

（4）易破坏管道防腐层，加速管道腐蚀。

（5）在一些违规建筑物中进行盗油、盗气等非法活动。

据中国石油天然气股份有限公司初步调查，截至 2004 年 4 月 30 日，油气管道共有 23045 处违章建筑物，其中直接占压近 1.2 万处，管道两侧 5m 以内违章建筑物超过 1.1 万处[23]。四川油气田管线占压隐患多达 4000 多处；西气东输甘肃段全长 982.5km，与道路、桥梁交叉点多达几十处，严重影响管道安全运行；中原油田天然气产销总厂管线，违章占压 440 处；大庆油区内违章建筑 50640 户占压油气管线，面积达 $233 \times 10^4 m^2$；湛茂原油长输管线全长 115km，多处管段在车辆作用下发生变形，并加快了管道腐蚀[23]。

1.3 地质灾害下管道力学研究现状

由于埋地管道与围土直接接触，其对围土变形较为敏感，管道的变形和破坏等大多都是围土作用导致的。因而，研究埋地管道力学行为必须先了解管土耦合作用。

由于回填土和软土地基属于多相松散体，具有高压缩性、黏弹塑性、低抗剪切性等特点，及管土耦合作用、围土变形存在不确定性，使得管道力学研究较为困难，工程中通常采用简化模型来分析管土相互作用。

目前，常用的管土模型主要有三种：弹性地基梁模型、土弹簧模型和非线性接触模型。

弹性地基梁模型是一种静力分析模型，主要考虑土体最终位移对管道的作用，其假设管道为梁模型，管道周围土体均匀分布，因而该模型简单易算，被工程界广泛采用[10]。

土弹簧模型是将管道围土简化为一系列等效弹塑性弹簧，弹簧刚度和自由度由土性质和变形形式决定,该模型可模拟围土与管道的三维作用,却不能模拟二者间的接触非线性及摩擦。

对于非线性接触模型,目前仍处于研究和探索之中,而管土耦合作用属于典型的非线性接触问题,随着接触理论的发展,利用理论分析和数值手段相结合建立管土耦合非线性模型成为一种更合理的解决方案[24]。

随着油气管道业的发展,穿越复杂地质区域的管道越来越多,各种不良地质灾害作用下的油气管道事故屡见不鲜,地质灾害下的管道力学分析和安全评价日益受到关注。

1.3.1 地震断层

Newmark 和 Hall 于 1975 年首次提出应用静态土压力和静态摩擦力的小位移模型分析断层错动对地下管道影响的理论方法[25]。随后,Kennedy 等对 Newmark-Hall 方法进行了改进,考虑横向管土相互作用,应用大位移理论计算管道弯曲应变[26]。Wang 和 Yeh 把变形管道简化为单一曲率大变形梁和弹性地基梁,考虑管道抗弯刚度和管土相互作用,采用管道钢三折线模型,得到管道应力应变分布[27]。Chiou 和 Chi 将管道模拟成一局部大挠度梁,并将穿越走滑断层区的大挠度管道模拟成一弹性体,对小挠度部分管道仍采用半无限梁模型[28]。Karamitros 等采用弹性梁模型模拟断层两侧大变形段,考虑了弹性梁和弹性地基梁连接点处剪力连续条件和管道横截面实际应力分布[29]。陈冠卿用管材本构弹塑性区和完全塑性区交点所对应的最大应变对埋地管道的抗震要求进行判断[30]。陈勇寅等以 B 样条基函数组合作为管道位移试函数,求解管道位移及内力、应变[31]。刘爱文等把管道简化为均布载荷弹性梁,提出基于管土大变形段整体分析计算方法,得到管道内力与变形解析式[32]。

计算机仿真技术逐渐成为埋地管道研究主要趋势。侯忠良等应用有限元方法将管道简化为弹性地基梁,根据虚功原理建立管道平衡方程并进行求解[33]。张进国等根据最小势能原理推导断层错动下管道有限元方程,计算管道位移和应力[34]。郭恩栋、Tohidi、Gu 等将管道模拟为梁单元,将管土相互作用模拟成弹簧单元,研究断层错动对埋地管道的影响[35-37]。刘爱文等利用等效边界元有限元模型模拟土耳其地震供水钢管在断层错动作用下的实际震害[38]。Kuwata 等使用离散单元法对断层错动作用下延性铸铁管进行分析,提出评估容许断层错动量方法[39]。Li 等对比了基于壳模型有限元方法和索模型解析方法,讨论了二者对管道轴向拉伸应变的影响[40]。赵海晏、朱春生、Takada、Jiao、Vazouras、Zhang 等采用接触模型模拟管土相互作用,基于壳单元有限元模型研究断层对埋地管道的影响[41-46]。王滨基于管道钢三折线和 Ramberg-Osgood 模型,建立钢管等效边界管壳单元非线性有限元模型[2]。

国内外学者对断层下的管道物理模型也进行了试验研究，Konuk、Yoshizaki 等通过全尺寸物理模型试验研究水平横向管土作用[47, 48]，Yasuda、Ha 等对埋地管道在断层作用下进行了土箱试验和离心实验模拟[49, 50]。国内冯启民等首次对跨断层埋地钢管进行了振动台静力模拟实验[51]。

1.3.2　滑坡

根据滑坡对管道的作用方向，可将滑坡分为横向滑坡和纵向滑坡两种。横向滑坡的坡体垂直于管道，管道因受到坡体横向作用易发生弯曲变形；纵向滑坡的坡体沿管道轴向方向运动，管道易发生纵向失稳。目前关于横向滑坡的研究相对较多，而研究纵向滑坡对管道影响的相对较少。

关于滑坡灾害下管道力学问题的研究起步较晚，直到 1991 年，梁政讨论了横向滑坡下的管道受力，采用纵横弯曲弹性地基梁对滑坡下的管道强度进行了分析[52]。1995 年，Rajani 等采用简化解析方法对横向滑坡下的管道力学响应进行了分析，但未考虑管土相互作用[53]。同年，O'Rourke 等运用 Ramberg-Osgood 幂指数硬化模型对山体滑坡区的管道进行了研究，认为横向滑坡作用下的管道比纵向滑坡更危险[54]。Chan 考虑管土相对位移对管道应力的影响，得出三种典型滑坡下管道应变数学模型[55]。张东臣针对具体滑坡事故，分析了不同滑坡方向条件下的管道应力应变分布[56]。刘慧给出了管道遭受轴向滑坡、横向滑坡、深沉圆弧滑坡作用下的解析预测方法[57]。谢强等讨论了牵引式滑坡和推移式滑坡下埋地管道的纵向受力和变形，推导了管道的弯矩、剪力、位移及最大应力公式[58]。王磊、焦中良等在有限元软件中建立了滑坡作用下埋地管道的数值计算模型，对其应力进行了分析[59, 60]。郝建斌等对横向滑坡坡体作用于管道推力进行了计算，并通过软件行了仿真[61]。钱浩、林冬等采用人工堆积构建了全尺寸土质滑坡实验模型，对管道应力和变形进行了监测[62, 63]。Yuan 等推导了海底滑坡和泥石流作用下管道应力变形的解析方法[64, 65]。Zheng 等对滑坡作用下的埋地管道失效原因进行了分析，并基于最大主应变对管道安全性进行了评价[66]。

1.3.3　崩塌

目前，关于危岩崩塌的研究主要着眼于危岩体本身，包括危岩失稳模式、危岩稳定性计算、危岩加固治理方法等，而关于危岩失稳后造成的危害研究相对较少，特别是危岩崩塌后对埋地管道的冲击问题研究更少，但该问题已逐步得到学者们的关注。

如王洪波、李渊博、王鸿等建立了落石冲击作用下埋地管道简化计算模型，对管道的变形和应力进行了计算[67-69]。荆宏远、王小龙、熊健、邓学晶等采用有限元软件对落石冲击作用下的埋地管道动力响应进行了分析[19, 70-72]。Zhang等建立了落石冲击软土地层和硬岩地层中埋地管道的数值计算模型，对冲击作用下的管道局部屈曲问题进行了研究[73, 74]。韩传军等建立了夯锤冲击作用下的埋地管道数值计算模型，分析了管道所受冲击力[75]。姜乐等运用可靠性理论，建立了危岩崩塌灾害下管道易损性评价模型[76]。但是，关于落石冲击后埋地管道的受力模型还没建立，落石冲击下管道的变形过程及失效机理需要进一步深入研究。

1.3.4　地面塌陷

关于地面塌陷对埋地管道影响的问题，日本的高田至郎基于弹性地基和连续梁模型，建立了受沉降作用的埋地管道简化分析公式，同时他还对聚氯乙烯管道进行了不均匀沉降实验[77]。高惠瑛等采用弹性地基梁模型，提出了不均匀沉降下埋地管道的几何大变形方程[77]。梁政基于弹性地基梁模型，分析了埋地管道的变形与受力[78]。尚尔京、王同涛等利用 Winkler 地基梁模型与理想弹塑性地基梁模型对塌陷区段的埋地管道进行了分析[79, 80]。王晓霖等提出了开采沉陷区埋地管道的最大应力与应变简化评定公式[81]。关惠平等在简化采空塌陷区管道半空间受力分析模型基础上，计算了管道最大轴向应力[82]。张土乔等对地基差异沉降时管道的纵向力学形状进行了分析[83]。Zhang 等对下部采空引起塌陷作用下的管道力学行为进行了数值仿真，并研究了管道参数和地层参数对力学行为的影响[84]。柳春光等基于壳单元有限元模型，对地层沉陷区管道进行了数值模拟，分析了其轴向应力[85]。金浏等基于壳单元，采用特征值屈曲分析方法对沉陷区埋地管道的屈曲稳定性进行了分析，分析了管道发生屈曲时的屈曲模态及对应沉降量[86]。

1.3.5　地面超载

对于地面超载作用下埋地管道力学分析,采用 Boussinnesq 法可求解地面集中载荷、分布载荷作用下地基任意处的应力和位移，而后应用弹性地基梁理论分析管道所受作用力[87]。李镜培等应用弹性地基梁理论分析了邻近建筑载荷作用下埋地管线的弯矩、剪力和挠度[88]。吴小刚等建立了随机交通载荷下埋地管道的弹性地基梁受力模型，对管道的位移响应进行了计算[89]。Noor 等应用 ANASYS 软件建立了地面垂直载荷作用下管道有限元模型，指出对于浅埋管道的力学分析必须考虑管土相互作用[90]。Trickey 等研究了周期载荷作用下，管材刚度和埋深对管道的影响[91]。帅健等建立有限元模型分析了占压载荷作用下管道的应力与变形[92]。

Zhang、Liang 等建立了超载作用下管土三维耦合模型，研究了围土参数对管道应力应变的影响规律[93]。韩传军、张瀚等分析了硬岩区埋地管道在地表载荷下的应力和塑性变形规律[94, 95]。龚晓南、孙中菊等建立了地面超载引起下沉土体侧移，而后造成埋地管道位移的解析计算模型，计算了超载大小、位置、土体性质对管道位移的影响[96]。

1.4　主要研究内容

本书在系统分析各种地质灾害下长输油气管道失效形式及失效原因的基础上，基于有限元原理，建立地震断层、山体滑坡、危岩崩塌、地层沉降、地面超载等地质灾害下油气管道力学计算模型，对各种地质灾害下的管道力学行为进行系统的分析研究，设计出相应的油气管道防护装置，并对防护装置的可行性和可靠性进行分析。具体内容如下：

（1）简要介绍长输油气管道沿线的主要地质灾害特点和危害，提出研究地质灾害下油气管道力学行为的必要性和可行性，并概要介绍国内外在该领域中的研究状况。

（2）建立地震断层作用下埋地管道数值计算模型，分别对软土地层和硬岩地层中的管道力学行为和屈曲现象进行研究，探讨地层错动量、管道内压、径厚比等对其力学行为的影响。

（3）提出滑坡地区埋地管道应力、位移解析模型，并对横向滑坡下的埋地管道力学行为进行仿真，特别是对土体参数对管道力学性能的影响进行细致研究。

（4）对落石冲击作用下架设油气管道响应进行数值模拟，并分别以球形落石和立方体落石为例进行计算；同时，建立落石冲击作用下，埋地管道所受冲击力的简化计算模型，并与数值计算进行对比，结果吻合较好；建立落石冲击作用下埋地管道数值计算模型，分别就软土地层和硬岩地层中的管道进行计算，研究回填土参数、管道结构参数和落石参数对管道力学行为的影响。

（5）通过对沉陷地层埋地管道的基本特征进行分析，建立简化力学模型；建立采空区塌陷作用下埋地管道数值计算模型，与理论模型进行对比，二者吻合较好；进而研究管道结构参数、地层参数对管道力学性能的影响；同时，对地表固结沉降区管道应力、变形等进行数值模拟研究。

（6）建立地面超载作用下埋地管道数值计算模型，分别研究软土地层和硬岩地层中的管道力学性能，分析超载区面积、载荷大小及回填土性质对管道力学行为的影响规律。

（7）分析目前定向穿越管道在运营过程中的失效现象和原因，对其较为严重的凹陷行为和挤毁行为进行数值模拟研究，分析管道变形过程，探讨其失效机理。

（8）设计相应的埋地管道和定向穿越管道用的防护装置，其结构简单、操作方便，可用于多种地质灾害下油气管道的安全防护；并对设置防护装置前后油气管道在不同地质灾害下的力学行为进行对比研究，证明该防护结构的可靠性较高，可有效降低其失效概率，延长管道使用寿命。

第 2 章　跨断层埋地管道力学行为研究

2.1　跨断层埋地管道分析方法

2.1.1　跨断层埋地管道解析法

为研究断层作用下埋地管道反应，1975 年 Newmark 和 Hall[25]首次提出了一种简化计算方法，后来经过学者们的改进提出了多种计算模型。理论解析方法一般将埋地管道简化为索模型或梁模型[16]，如表 2-1 所示。管材本构模型主要有线弹性模型、双折线或三折线模型、Ramberg-Osgood 模型三类。

表 2-1　跨断层管道反应分析方法

研究者	年份	管材模型	管弯曲刚度	管土大变形	远离断层管段	靠近断层管段	备注
Newmark-Hall	1975	三折线模型	×	×	管道变形为一直线		索模型理论方法
Kennedy	1977	Ramberg-Osgood 模型	×	√	直线	圆弧	索模型理论方法
Wang-Yeh	1983	三折线模型	√	√	弹性地基梁变形曲线	圆弧	梁模型理论方法
Wang-Wang	1998	三折线模型	√	√	弹性地基梁变形曲线	梁的挠曲线	梁模型半解析方法
张素灵	2000	Ramberg-Osgood 模型	√	√	弹性地基梁变形曲线	梁的挠曲线	梁模型理论方法
刘爱文	2002	双折线模型	√	√	土弹簧模型	等效弹簧单元	壳单元理论方法
Karamitros	2006	双折线模型	√	√	弹性地基梁变形曲线	梁的挠曲线	梁模型理论方法
王滨	2010	双折线和 Ramberg-Osgood 模型	√	√	弹性地基梁变形曲线	梁的挠曲线	梁模型理论方法

线弹性模型构造简单，通常可得显式解析方法，但其与管钢材料的实际本构相差较大，无法准确模拟在较大断层错动作用下的管道反应。

双折线或三折线模型在一定程度上可以模拟管道钢的材料非线性特性，且分段线性，被广泛地用于解析方法中，但使用此模型需要逐步判断管道材料的状态，求解过程较为繁杂。

Ramberg-Osgood 模型可以较好地模拟管道材料达到极限抗拉强度之前的塑性变形情况，省去逐步判断材料是否屈服的繁琐步骤，但其非线性程度较高，解析模型复杂时，控制收敛性和加快收敛速度较为困难。

2.1.2　跨断层埋地管道试验研究

国内外学者对断层下的管道物理模型也进行了试验研究。但是由于实验设计的局限性及测试设备和技术的限制，目前通过物理实验只能得到定性结论，无法得出精确的定量结果；受管道钢材料和模型试验相似率的限制，土箱试验和离心试验均为弹性试验，很难得到管道的破坏形态。

2.1.3　跨断层埋地管道数值仿真

随着计算机技术的发展，数值仿真技术发展越来越迅速，埋地钢质管道的研究也是如此，数值模拟已经成为埋地钢质管道当前研究的主要趋势之一，各国学者也从数值模拟方面对跨断层埋地钢质管道的地震响应开展了相关研究，取得了许多成果。

早期的数值模型大致可以分为梁模型和壳模型。梁模型构造简单，计算时间短；壳模型与梁模型相比，能更好地分析管道局部屈曲等大变形情况，但壳模型构造复杂，需要的计算时间较长。

管土耦合作用是影响管道力学性能的重要因素，大多数学者未考虑管道围土的实际情况，比如回填土和地表土层的区别，特别是对硬岩地区埋地管道的屈曲模式和力学模型与软土区有更大的差别[97]，因而需要分别建立不同地层的管土耦合模型。

2.1.4　跨断层埋地管道数值计算模型

由于管道为薄壳结构，当截面出现大变形时，叠加原理不再适用，经典理论解析公式不能用于管道失效模式的研究。数值仿真技术已经成为埋地管道研究的主要趋势之一。虽然国内外许多学者对断层作用下管道力学进行了数值仿真，但很少考虑内压影响[98]，而管道发生屈曲后内压对其失效模式的影响至关重要。

建立跨断层埋地管道三维计算模型，如图 2-1 所示。以走滑断层和逆断层为例，断层面倾角 ψ，管道直径 914mm、管材为 X65 或 X80、壁厚 8mm，屈服强度分别为 448.5MPa 和 596MPa[99]，管道承受最大内压 $P_{max}=0.72\times(2\sigma_y t/D)$[100]。对于软土地层，假定回填土与地层土质相同，均为黄土，采用 Mohr-Coulomb 弹塑性本构模型描述岩土非线性特性，其弹性模量 33MPa、泊松比 0.44、黏聚力

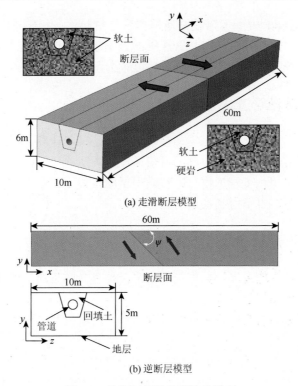

(a) 走滑断层模型

(b) 逆断层模型

图 2-1　跨断层埋地管道计算模型

24.6kPa、摩擦角 11.7°、密度 1400kg/m³[101]。整个计算模型尺寸为 60m×10m×6m，管道埋深 2m。对于硬岩地层，假定为石灰岩，其弹性模量 28.5GPa、泊松比 0.29、黏聚力 3.72MPa、摩擦角 42°、密度 2090kg/m³。

采用实体单元对地层和回填土进行网格划分，采用壳单元对管道进行网格划分，并对管沟与管道接触部位附近网格细化。对于压力管道，需对管道内部施加压力载荷以模拟管内流体作用。设置管土表面接触关系，定义接触面之间摩擦系数为 0.3[99]。

2.2　走滑断层作用下软土地层管道力学研究

2.2.1　无压管道力学分析

1. 断层位错量影响分析

如图 2-2 所示为走滑断层作用下管土变形，地层发生错动滑移前，回填土与埋地管道表面完全接触，管道承受内压及围土作用力；随着位错量增大，埋地管道在围土作用下出现弯曲变形，仍为光滑曲线，但断层面两侧管段仅与一侧回填土发生接触，地层运动使埋地管道承受附加弯矩和摩擦力，而管道变形也影响围土变形；随着位错量进一步增大，距离断层面一定距离的两侧管段出现了局部屈曲，使整个管段不再是光滑曲线，管道大变形影响了与其接触的围土变形。

因此，断层运动过程中，埋地管道并非全部与围土接触，各处管道与围土之间的压力也不相同，进而导致整个管段摩擦力呈不均匀分布，而采用理想的管土摩擦力计算模型是不适宜的。

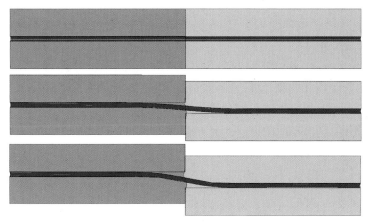

图 2-2　走滑断层作用下管土变形

管道内压影响变形刚度，外载作用下的无压管道和压力管道会表现出不同的力学行为。管道径厚比为 114 时，不同位错量下无压管道应力分布如图 2-3 所示。

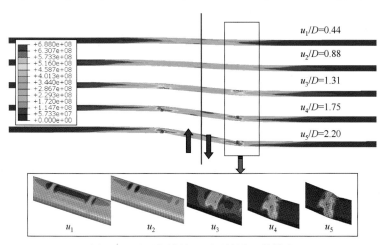

图 2-3　不同位错量下无压管道屈曲模式

当位错量小于 $0.44D$ 时，仅在断层面附近小范围内出现了应力集中，且应力较小；随着位错量增大，高应力区逐渐扩展，距离断层面一段距离内的两侧管段出现高应力区，这是由于地层错动造成管道承受弯矩，在管道弯曲变形曲率最小处出现应力集中，且一侧管壁受压，一侧管壁受拉。由于整个数值计算模型以管道中心点呈反对称性结构，因而断层面两侧管道变形和应力分布是相同的。

当位错量大于 $1.31D$ 时，在管道弯曲曲率最小处出现局部屈曲，受压一侧出现管壁压溃现象，而受拉一侧管壁存在较为严重的高应力区。由于管道局部压溃吸收了较多能量，而其他部位应力得到了释放。随位错量增大，管道局部压溃幅度进一步增大，直至出现断裂失效。因而，断层作用下无压管道并非是在断层面发生剪断，而是在离断层面一定距离的两侧管段处发生压溃，直至折断。

图 2-4 所示为不同位错量下无压管道变形曲线，当地层位错量较小时，管道变形较小，整个管段曲线较光滑；随着位错量增大，管道两处弯曲曲率半径逐渐减小；当位错量大于 $1.31D$ 时，整个管道变形曲线由"S"形变为"Z"形，出现两个拐点，这两个拐点对应于图 2-3 中局部压溃部位；两个屈曲部位之间管道长度逐渐被拉长，随着位错量增大而增大，管径逐渐变小。

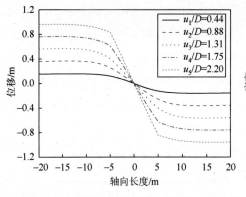
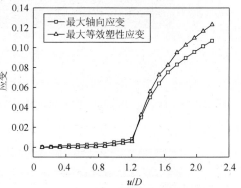

图 2-4　不同位错量下无压管道变形曲线图　　图 2-5　无压管道应变随位错量变化曲线

图 2-5 所示为无压管道最大轴向应变和等效塑性应变随位错量的变化曲线。两种应变随位错量变化规律较为相似，可将整个变化曲线分为 3 个阶段：

（1）当断层位错量小于 $1.31D$ 时，管道轴向应变和塑性应变随着位错量增大而缓慢增大；

（2）当位错量为 $1.31D$ 时，无压管道处于压溃前的临界状态，管道截面开始出现失稳；

（3）当位错量大于 $1.31D$ 时，管道应变随着位错量增大而迅速增大，但是变化率先增大后减小，说明管道已经出现局部失稳，位错量的变化增加了失稳幅度。

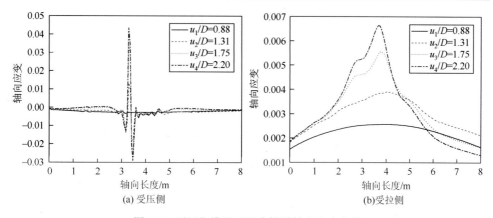

图 2-6 不同位错量下压力管道轴向应变曲线

图 2-6 所示为不同位错量下压力管道拉压两侧的轴向应变分布曲线，管道受压侧的轴向应变大于受拉侧。地层作用下，管壁受拉一侧的轴向应变为拉应变，其随着位错量的增大而增大，呈单峰分布。管道未出现局部屈曲以前，管壁受压一侧的轴向应变为压应变；当管道出现局部压溃后，在压溃部位沿轴向既有拉应变也有压应变，而非压溃部位仍为压应变。压溃部位的轴向应变曲线为一峰二谷，该处最大拉应变随着位错量的增大而增大，而压应变却随位错量变化较小。

2. 管道径厚比影响分析

当位错量为 2D 时，图 2-7 所示为不同径厚比管道应力分布。

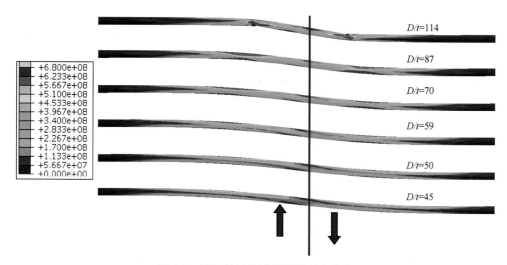

图 2-7 不同径厚比无压管道应力分布

当径厚比较小时，管道变形较为光滑，在断层面两侧出现了高应力区；随着径厚比的增大，管道应力逐渐增大，管道屈曲现象也更严重，出现了两处压溃失效。当管道出现压溃后，高应力主要集中在压溃部位，其他部位的应力得到了缓解。管道高应力范围随着径厚比的增大而减小。图 2-8 所示为现场管道出现压溃时的形貌。

图 2-9 所示为不同径厚比管道的变形曲线。可见管道径厚比主要影响断层面左右 30m 管段的变形，变形曲线以管道中心呈反对称分布。当管道径厚比为 114 时，变形曲线出现了拐点，说明这两个部位已经出现压溃；随着径厚比的增大，断层面两侧管道的弯曲变形曲率逐渐减小。

表 2-2 所示为不同径厚比管道的最大轴向应变，表明管道轴向应变随着径厚比和位错量的增大而增大。

图 2-8　管道压溃形貌

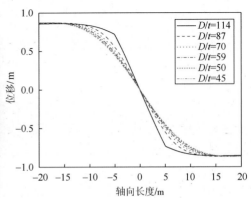

图 2-9　不同径厚比无压管道变形曲线

表 2-2　不同径厚比管道最大轴向应变

u/D	D/t					
	114	87	70	59	50	45
0.44	0.0018	0.0015	0.0014	0.0012	0.0011	0.0010
0.88	0.0034	0.0026	0.0022	0.0020	0.0018	0.0017
1.31	0.0302	0.0051	0.0031	0.0026	0.0024	0.0023
1.75	0.0831	0.0097	0.0058	0.0039	0.0031	0.0027
2.20	0.1069	0.0523	0.0092	0.0062	0.0044	0.0036

2.2.2　压力管道力学分析

1. 管道内压影响分析

当埋地管道处于工作状态时，内部介质压力对其影响是不可忽略的。当地层位错量为 $2D$ 时，不同内压管道的应力分布及局部屈曲模式如图 2-10 所示。随着内压增大，除断层面附近的其余段管道应力逐渐增大；无论是何种压力管道，在走滑断层作用下，埋地管道均出现了两处屈曲部位，且分别位于断层面两侧。

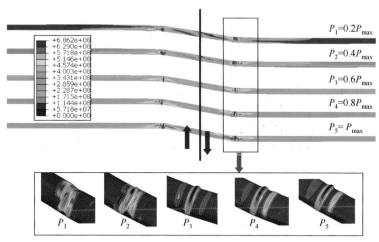

图 2-10　不同内压管道应力分布及局部屈曲模式

由图 2-10 中管道局部屈曲放大图可知，不同内压管道失效模式是不同的。当内压为 $0.2P_{max}$ 时，管道屈曲部位的形貌呈压溃状态，但压溃分布与无压管道不同，并未按圆周分布，而是与管道轴向呈一定角度；当内压为 $0.4P_{max}$ 时，管道屈曲形貌处于临界状态，管壁一部分被压溃、一部分鼓起；而当内压大于 $0.4P_{max}$ 时，在管道屈曲部位出现了一道皱起，通过起皱实现应力释放，内压越大，起皱幅度越大；当内压大于 $0.8P_{max}$ 时，在第一道皱起另一侧会出现第二道皱起，但它的幅值较小。

图 2-11 所示为地震断层作用引起的埋地管道起皱形貌，对比分析可见数值仿真结果与现场实际较为吻合。

图 2-12 所示为不同内压管道的轴向应变。管道轴向应变随着位错量的增大而增大，特别是在临界屈曲状态前后的管道轴向应变变化较大。随着内压的增大，管道轴向应变逐渐增大；内压小于 $0.6P_{max}$ 时的轴向应变变化率较大，而内压大于 $0.6P_{max}$ 后的轴向应变变化率较小。应变过大导致管道发生断裂失效，特别是在压溃部位和褶皱部位。

2. 位错量影响分析

为研究压力管道在地层运动过程中的力学行为，以 P_{max} 压力管道为例，不同地层位错量下管道应力分布如图 2-13 所示。地层运动作用下，在断层面两侧管段分别出现了应力集中现象，且受压一侧管壁最先出现应力集中；随着位错量增大，在相应的受拉一侧也出现了应力集中现象，且高应力区范围逐渐扩张；在受压一侧的管壁应力、应变均呈节状分布。

起皱

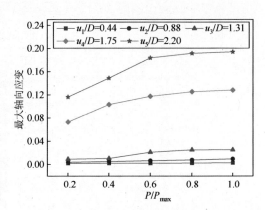

图 2-11　断层作用下管道起皱形貌　　　　　图 2-12　不同内压管道轴向应变

　　当位错量大于 $1.31D$ 后，管道在应变最大的节状部位开始出现皱起，应力集中主要出现在皱起部位，而其他部位应力较小；当第一个皱起不能再吸收更多的能量时，在其左右两侧开始出现第二、第三个皱起，但后两个皱起幅度较小，而当第一个皱起处的管壁应变超过材料的极限应变后将会发生破裂。

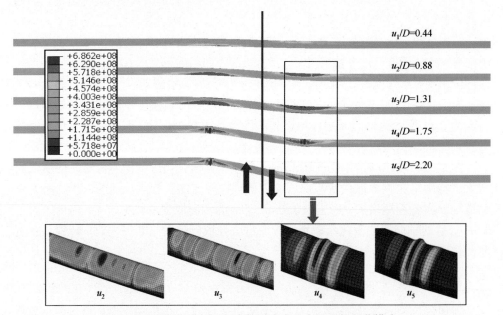

图 2-13　不同位错量下压力管道应力分布及局部屈曲模式

　　图 2-14 所示为不同位错量下压力管道变形曲线，随着位错量增大，管道弯曲变形越来越严重，当发生局部屈曲后，整个管道可被看作三段直线。对于两处应力集中部位之间的管道，随着位错量增大，其被逐渐拉伸。

图 2-15 所示为压力管道的轴向和塑性应变随位错量变化曲线，管道出现褶皱后的轴向和塑性应变急速增大，而后增幅变缓。

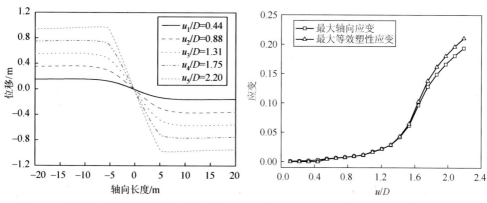

图 2-14　不同位错量下压力管道变形曲线　　　图 2-15　压力管道应变随位错量变化曲线

断层作用下管道失效主要是由于地层错动带来的附加弯矩引起的，而在屈曲部位两侧管壁应力应变分布差别较大。当内压为 P_{max} 时，图 2-16 所示为不同位错量下压力管道拉压两侧的轴向应变分布曲线，管道受压侧的轴向应变大于受拉侧。受拉一侧管壁上轴向应变为拉应变，应变曲线呈单峰变化。随着位错量增大，应变波动峰值逐渐增大，而波峰两侧的拉应变随着位错量的增大而逐渐减小。

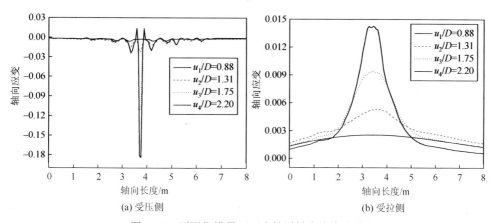

(a) 受压侧　　　　　　　　　　　　　　　　(b) 受拉侧

图 2-16　不同位错量下压力管道轴向应变曲线

受压一侧管壁上的轴向应变主要为压应变，呈波浪式分布，随着地层位错量增大，中间处的应变幅值逐渐增大；当位错量大于 $1.31D$ 后，管壁上的一个峰值轴向应变急剧增大，这是由于管壁上出现了皱起；同时在该峰值两侧出现了拉应变，这是由于该道皱起管壁与相邻管壁连接处受拉；在最大波峰的左右侧出现了幅值略高波峰，说明第二、第三道皱起开始出现，这是由于管道承受弯矩太大，一道皱起已经无法吸收弯矩引起的能量，因而后两道皱起的出现开始缓解该能量。

3. 管道径厚比影响分析

当地层位错量为 1.64D 时，不同径厚比 P_{max} 压力管道的应力分布如图 2-17 所示。由于内压的作用，远离断层区的管段应力随着内压的增大而增大。径厚比较小时，管道两侧出现应力集中，且呈反对称分布，而在管道中面上的应力分布较小；随着径厚比增大，管道由于弯曲而受压的一侧管壁应力呈节状分布，且应力集中范围也逐步扩大；随着径厚比的进一步增大，管道弯曲受压一侧开始出现褶皱，管壁皱起部位应力较大，管道应力集中范围缩小。

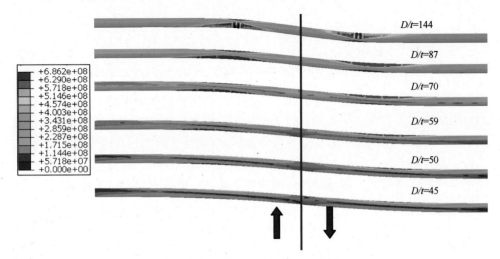

图 2-17　不同径厚比管道应力分布

图 2-18 所示为压力管道轴向应变随径厚比变化曲线。随着管道径厚比增大，其轴向应变逐渐增大；地层位错量越大，管道轴向应变随径厚比的变化率越大。

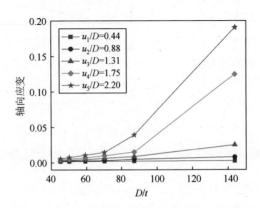

图 2-18　压力管道轴向应变随径厚比变化曲线

2.3　走滑断层作用下硬岩地层管道力学研究

长输油气管道需要穿越丘陵、山川、河流及其他地质灾害区，这些区域的地层多为硬岩区，而硬岩区埋地管道的力学性能与软土区有较大差别。因而，研究硬岩地层中埋地管道力学性能对现有油气管道的安全评价、维修防护具有重要意义。

2.3.1　无压管道力学分析

1. 断层位错量影响分析

走滑断层运动作用下，不同位错量下的无压管道应力分布及屈曲模式如图 2-19 所示。与软土地层中的管道应力分布不同，当位错量较小时，硬岩区断层面处管道出现应力集中；随着位错量的增大，管道中段被剪切和挤压，该处管段逐渐被压扁，该屈曲模式与软土地层不同。这是由于硬岩地层在管道作用下变形较小，仅有管沟中的回填土变形较大，而管沟尺寸有限，因而硬岩地层的错动对管道产生了较强的剪切作用[102]。在相同的地层位错量下，硬岩地层中的管道变形及屈曲现象比软土地层更为严重，这将极大地威胁油气的正常输送，一旦发生泄漏，将引发一系列后果。

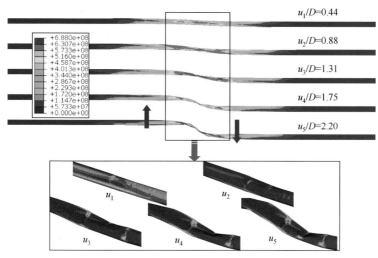

图 2-19　不同位错量下无压管道应力分布及屈曲形貌

图 2-20 所示为不同位错量下无压管道变形曲线。随着位错量增加，管道弯曲变形增大，大变形区域主要集中在断层面附近 20m 内；当位错量较小时，管道形

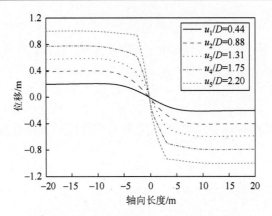

图 2-20　不同位错量下无压管道变形曲线

状较为光滑，呈"S"形，随着位错量的增大，管道形状逐渐由"S"形变为"Z"形；硬岩地层的剪切作用使得中间管段被拉伸和剪切。

2. 管道径厚比影响分析

当 $u/D=2$ 时，不同径厚比无压管道的应力分布如图 2-21 所示。当径厚比小于 60 时，在断层面处的管道形成了较为明显的剪切痕迹，在剪切位置左右形成了较大范围的应力集中区域；当径厚比大于 60 时，断层面处管段出现了压扁和剪切形貌；随着径厚比的增大，管道屈曲现象更加严重。因而，薄壁管道在硬岩地层断层移位时非常危险。

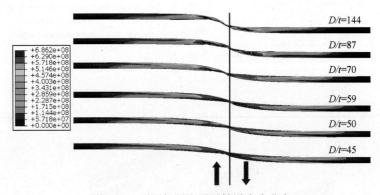

图 2-21　不同径厚比无压管道应力分布

图 2-22 所示为不同径厚比管道的变形曲线。径厚比主要影响断层面左右 30m 管段的变形，变形曲线以管道中心呈反对称分布。当径厚比小于 60 时，径厚比对管道变形的影响较小；而当径厚比大于 87 时，管道变形曲线出现了拐点；随着径厚比的增大，断层面两侧管道的弯曲变形曲率逐渐减小。

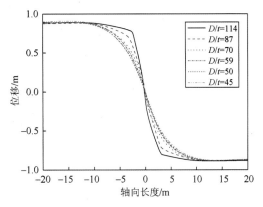

图 2-22　不同径厚比无压管道变形曲线

表 2-3 所示为不同径厚比管道的最大轴向应变，管道轴向应变随着径厚比和位错量的增大而增大。

表 2-3　不同径厚比管道最大轴向应变

u/D	D/t					
	114	87	70	59	50	45
0.44	0.0030	0.0029	0.0025	0.0022	0.0019	0.0018
0.88	0.0153	0.0077	0.0055	0.0047	0.0032	0.0028
1.31	0.0645	0.0327	0.0089	0.0096	0.0078	0.0069
1.75	0.0925	0.0623	0.0140	0.0136	0.0141	0.0116
2.20	0.1140	0.1060	0.0923	0.0551	0.0272	0.0202

2.3.2　压力管道力学分析

1. 管道内压影响分析

当 $D/t=114$、$u/D=2$ 时，不同内压管道的应力分布及屈曲模式如图 2-23 所示。断层运动作用下，硬岩区的压力管道出现了 3 处屈曲，而断层面处管道的屈曲模式与两侧屈曲部位不同；管道应力以管道中心呈反对称分布，远离屈曲部位的管道应力随着内压增加而增大，应力集中现象主要出现在局部屈曲部位。

随着内压的增大，两侧的管壁屈曲模式由压溃变为皱起；当内压为 $0.4P_{max}$ 时，两侧管壁屈曲模式为压溃和皱起的临界状态；随着内压增加，管壁的皱起现象越来越严重。断层面处管道的屈曲模式受内压影响较小，它主要由断层引起的硬岩错动作用；随着内压增加，该处管道变形逐渐减弱，这是由于内压增强了管道等效刚度；该处管段下半部分变形较大，而上半部分变形较小，这是由于管沟为

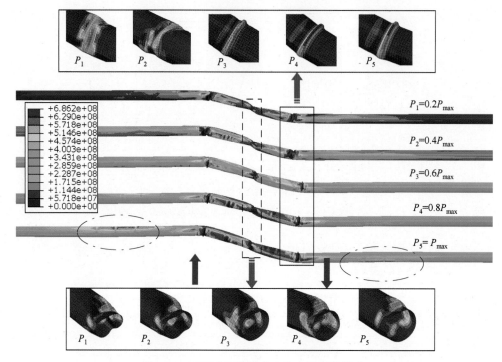

图 2-23　不同内压管道应力分布及屈曲模式

梯形结构，上部较宽而下部较窄，同时地表无约束使得上部回填土变形较大。当内压大于 $0.8P_{max}$ 时，在两侧屈曲部位的左右侧均出现了一处应力集中，这是由高压管道在地层弯矩作用下引起的，内压越大这种应力集中现象越明显。

图 2-24 所示为管道轴向应变随内压变化曲线。管道轴向应变随着位错量和内压的增大而增大，特别是在临界屈曲状态前后的管道轴向应变变化较大。内压小于 $0.6P_{max}$ 时的轴向应变变化率较大，而内压大于 $0.6P_{max}$ 后的轴向应变变化率较小。

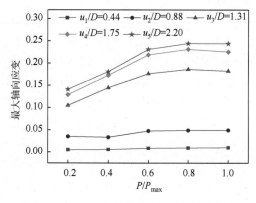

图 2-24　管道最大轴向应变随内压变化曲线

2. 断层位错量影响分析

当内压为 $0.2P_{max}$ 时，不同位错量下的管道应力分布及屈曲模式如图 2-25 所示。当地层位错量较小时，在断层面两侧位置分别出现了应力集中区域；随着位错量的增加，这两处高应力区域范围逐渐扩大。当位错量大于 $1.31D$ 时，断层面处管道也出现了应力集中现象，而另外两处的管道出现了压溃屈曲；随着位错量的进一步增大，两侧的压溃幅度增大，屈曲较为严重，而断层面处的管道形成挤压和剪切。随着局部屈曲幅度的增大，远离屈曲部位的管壁应力逐渐减小。

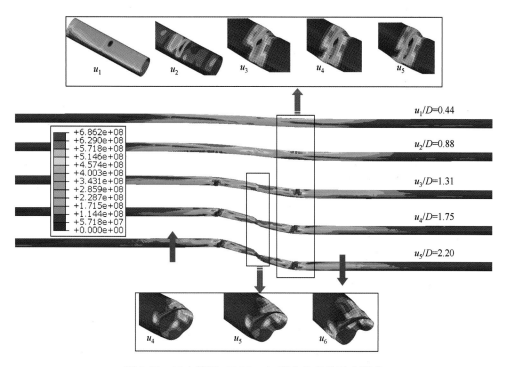

图 2-25 压力管道（$0.2P_{max}$）应力分布及屈曲模式

图 2-26 所示为不同位错量下压力管道（$0.2P_{max}$）两端屈曲部位的拉压侧轴向应变分布，管道受压侧的轴向应变大于受拉侧。走滑断层作用下，管壁受拉一侧的轴向应变为拉应变，其随着位错量的增大而增大；当位错量较小时，其呈单峰分布；随着位错量增大，拉应变由单峰分布变为双峰分布；当位错量大于 $2.2D$ 时，在主峰的侧边又出现了一个峰值。

管道未出现局部屈曲以前，管壁受压一侧的轴向应变为压应变；当管道出现局部压溃后，在压溃部位沿轴向既有拉应变也有压应变，而非压溃部位仍为压应变。压溃部位的轴向应变曲线为波浪式，最大拉、压应变随着位错量的增大而增大。

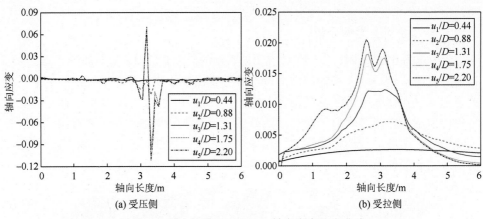

(a) 受压侧 　　　　　　　　　　　　　　　(b) 受拉侧

图 2-26　压力管道（$0.2P_{max}$）轴向应变分布曲线

当内压为 P_{max} 时，不同位错量下的管道应力分布及屈曲模式如图 2-27 所示。当位错量较小时，断层面两侧管道分别出现了应力集中区域，且高应力区范围随着位错量的增大而增大；当位错量大于 $1.31D$ 时，两处高应力区域出现了皱起现象，同时断层面处管道出现应力集中；随着位错量的增加，管道屈曲部位由 2 处增加为 3 处；当位错量大于 $2.2D$ 时，在断层面与第一处屈曲部位之间又出现了 1 处皱起，整个管道出现了 5 处屈曲。同时，当位错量大于 $1.75D$ 时，在屈曲部位的外侧出现了应力集中区域，应力呈节状分布，且应力值随着位错量的增加而增大。

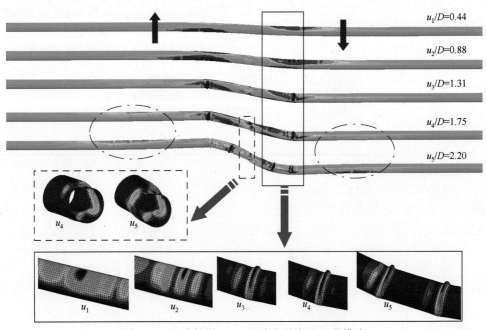

图 2-27　压力管道（P_{max}）应力分布及屈曲模式

图 2-28 所示为压力管道（P_{max}）的变形曲线。随着位错量的增大，管道变形曲线由"S"形变为"Z"形，整个管道可被看作三段，拐点处代表管道局部屈曲。当位错量大于 1.75D 时，管道两端的变形也逐渐增大，呈弯曲状，从而导致在屈曲部位的轴向外侧又出现了应力集中现象。

图 2-29 所示为压力管道（P_{max}）最大轴向应变和塑性应变随位错量变化曲线。当位错量小于 0.75D 时，管道轴向和塑性应变缓慢增加，而当位错量超过该临界值后，管道应变迅速增加，随后增长率随着位错量的增加而变缓。说明了在该临界位错量下，管道局部应变达到了临界值，开始出现屈曲。与软土地层相比，硬岩地层中的临界位错量较小，因而，硬岩地层中的管道更易发生失效。

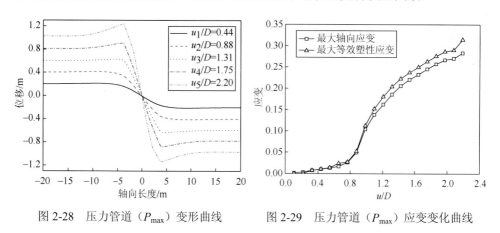

图 2-28　压力管道（P_{max}）变形曲线　　　图 2-29　压力管道（P_{max}）应变变化曲线

图 2-30 所示为内压为 P_{max} 时不同位错量下压力管道拉压两侧的轴向应变分布曲线，管道受压侧的轴向应变大于受拉侧，且轴向应变随着位错量的增加而增大。受拉一侧管壁上轴向应变为拉应变，初始的应变曲线为单峰，随着位错量增加，

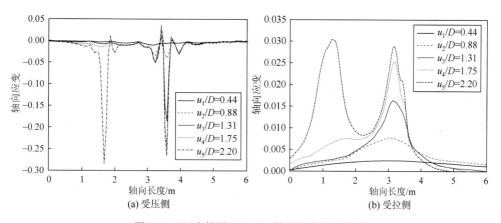

(a) 受压侧　　　　　　　　　(b) 受拉侧

图 2-30　压力管道（P_{max}）轴向应变分布曲线

在靠近断层面一侧又出现了一个应力峰值，应变曲线变为双峰，而远离断层面处的管道应变随着位错量的增大而逐渐减小。

受压一侧管壁上的轴向应变主要为压应变，呈波浪式分布，随着地层位错量增大，中间处的应变幅值逐渐增大；当位错量大于 0.88D 后，管壁上的一个峰值轴向应变急剧增大，这是由于管壁上出现了皱起所致；同时在该峰值两侧出现了拉应变，这是由于该道皱起管壁与相邻管壁连接处受拉；在最大波峰的左右侧出现了幅值略高波峰，说明第二、第三道皱起开始出现；当位错量大于 2.2D 时，在靠近断层面一侧出现了一处压应变峰值，说明该处出现了幅值较大的褶皱。

3. 管道径厚比影响分析

当地层位错量为 1.64D 时，不同径厚比压力管道（P_{max}）的应力分布如图 2-31 所示。由于内压的作用，远离断层区的管段应力随着内压的增大而增大。径厚比较小时，管道两侧出现了大面积的应力集中现象；随着径厚比增加，管道由于弯曲而受压的一侧管壁应力呈节状分布；随着径厚比进一步增大，管道弯曲受压一侧开始出现皱起，管壁皱起部位应力较大，管道应力集中范围缩小，同时断层面处管道出现应力集中，且发生了局部大变形。

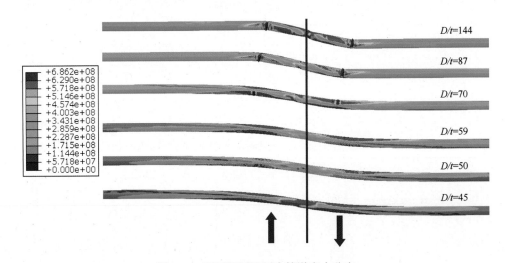

图 2-31　不同径厚比压力管道应力分布

图 2-32 所示为压力管道轴向应变随径厚比的变化曲线。当位错量小于 1.31D 时，管道轴向应变随着径厚比增大而增大；当位错量大于 1.31D 时，管道轴向应变随着径厚比增大呈现先增大后减小的变化趋势。

当径厚比小于 60 时，管道轴向应变随位错量的变化较小；而当径厚比大于 60 时，管道轴向应变变化较大；当位错量大于 1.31D、径厚比大于 60 时，管道最大轴向应变开始减小，这是由于在断层面两侧的管段第二个皱起部位出现了更为严重的皱起现象，缓解了第一处皱起的幅度，从而使整个管道的最大轴向应变降低。

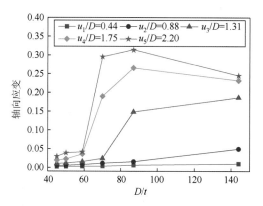

图 2-32　压力管道轴向应变随径厚比变化曲线

2.4　逆断层作用下埋地管道力学研究

2.4.1　软土地层无压管道力学分析

1. 断层位错量影响分析

逆断层作用下，不同位错量下的埋地无压管道应力分布及屈曲模式如图 2-33

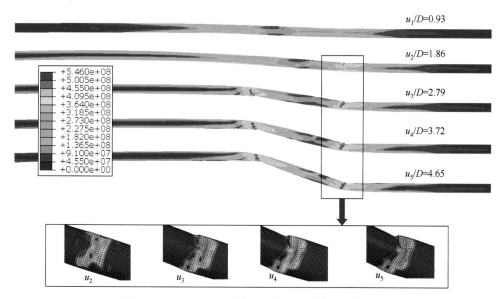

图 2-33　不同位错量下无压管道应力分布及屈曲模式

所示。由于逆断层运动时，上盘相对下盘向上运动，而管道埋深相对地层厚度较小，因而断层面两侧的管道应力并非呈对称或反对称分布。

当位错量较小时，在断层面两侧分别出现了高应力区；随着位错量的增大，上盘区中的管道高应力范围逐渐扩大，而下盘区管道开始出现局部屈曲；当位错量较大时，断层面两侧均出现了局部压溃，两处的屈曲形貌相同。地层位错量越大，管道局部屈曲现象越严重。

图 2-34 所示为逆断层位错量为 3.5D 时无压管道和围土的变形。地层运动引起埋地管道变形，管道变形又使得地层受力不均，因而上、下盘地层与埋地管道接触部位的变形较大。

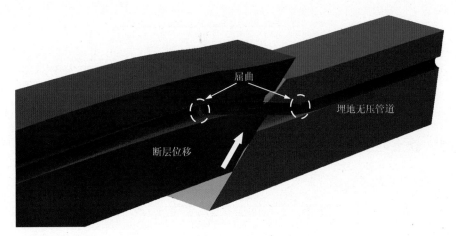

图 2-34 逆断层作用下无压管道及围土变形

由于上盘区埋地管道受向下弯矩作用，引起管道向下弯曲变形，从而导致上盘区地表形成隆起。在断层面两侧的管段并非与围土完全接触，因而其受到的管土作用力并非均匀分布。该工况下管道出现了两处屈曲，这两处均是一侧与围土接触，另一侧与围土之间形成了空隙。因而，管土摩擦力很难通过理论进行求解，而断层运动过程中的管土耦合作用对研究管道变形尤为必要。

图 2-35 所示为无压管道最大轴向应变和等效塑性应变随位错量变化曲线。无压管道未发生局部压溃以前，管道轴向应变和塑性应变随着位错量的增加而缓慢增大。当管道出现局部压溃以后，管道轴向应变和塑性应变随着位错量的增加而急速增大，而后增长率又变缓。

图 2-36 所示为不同位错量下无压管道变形曲线。当位错量较小时，无压管道变形较为光滑；随着地层运动，管道出现了两处局部屈曲，整个管道变形曲线可看成三段。下盘区管道的变形长度较短，而上盘区屈曲部位外侧的管段也发生了较大变形。

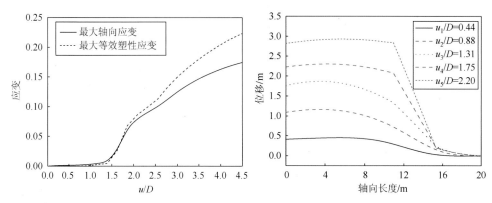

图 2-35　无压管道应变随位错量变化曲线　　　图 2-36　不同位错量下无压管道变形曲线

2. 管道径厚比影响分析

当位错量为 4.65D 时，不同径厚比无压管道的应力分布如图 2-37 所示。当管道径厚比较小时，在断层面两侧管道出现应力集中，整个管道仅发生弯曲变形；但是，上盘区的管道应力集中部位距离断层面较近，而下盘区管道的应力集中区距离断层面较远。随着径厚比的增大，管道应力集中现象越严重，且在断层面两侧出现了压溃，且两个应力集中区域之间的距离随着径厚比的增大而减小。

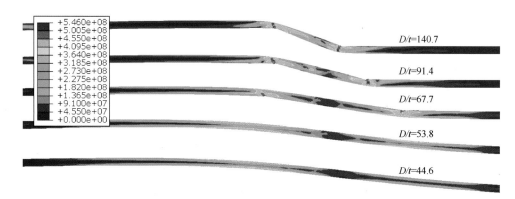

图 2-37　不同径厚比无压管道应力分布

图 2-38 为不同径厚比无压管道变形曲线。相同地层位错量下，管道径厚比越小，其变形曲线越光滑。当径厚比大于 67.7 时，管道变形出现了拐点，由于断层面处管道的位移变化较小，上盘区管道局部压溃位置距离断层面较近，而下盘区管道压溃部位距离断层面则较远。

图 2-39 所示为不同径厚比无压管道的最大等效塑性应变随位错量变化曲线。大径厚比管道出现塑性变形较早，管道局部屈曲以后，其塑性应变增长较快，但是塑性应变随位错量呈非线性规律增长。

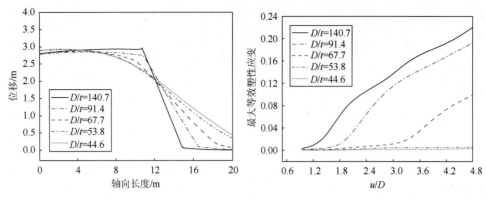

图 2-38　不同径厚比无压管道变形曲线　　图 2-39　不同径厚比无压管道等效塑性应变

3. 地层性质影响分析

不同地层的管道在逆断层作用下会呈现出不同的屈曲形貌。以黄土、黏土和砂土地层为例进行对比分析。其中，黏土的弹性模量 18MPa、泊松比 0.35、黏聚力 47kPa、摩擦角 34°、密度 1960kg/m³[103]。砂土的弹性模量 20MPa、泊松比 0.35、黏聚力近似为 0、摩擦角 15°、密度 1800kg/m³[104]。

三种地层中埋地无压管道的应力分布如图 2-40 所示。管道均出现了两处局部屈曲，但是黄土地层和黏土地层中的管道屈曲位置分别位于断层面两侧，而砂土地层中的管道两处屈曲均位于上盘地层，且整个管道的高应力范围广于另外两种地层。这是由于黄土与黏土性质较为接近，而砂土地层黏聚力较小[105]。

图 2-40　不同地层中无压管道应力分布

图 2-41 所示为不同地层中无压管道变形曲线，可知，黏土地层中管道变形大于黄土地层，说明黏聚力大的地层中管道更为危险。黄土地层和黏土地层中管道变形呈 "Z" 形，而砂土地层中管道虽然变形较小，但是仍存在两处明显拐点。由局部放大图可知，砂土地层的两处屈曲位置位于上盘区管道的同一侧。因而，相同逆断地层作用下，砂土地层中的管道较黄土和黏土更为安全。

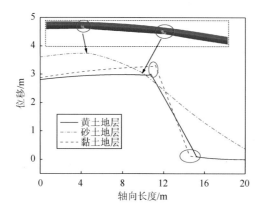

图 2-41　不同地层中无压管道变形曲线

2.4.2　软土地层压力管道力学分析

1. 管道内压影响分析

当逆断层位错量为 3.72D 时，不同内压管道的屈曲变形如图 2-42 所示。当内压小于 0.4P_{max} 时，管道出现两处屈曲；当内压为 0.6P_{max} 时，管道出现三处屈曲；而当内压大于 0.6P_{max} 时，管道出现四处屈曲。

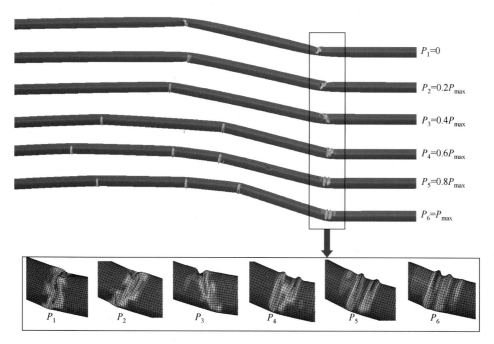

图 2-42　不同内压管道屈曲变形

对于低压管道，断层面两侧的屈曲均表现为压溃；当内压为 $0.4P_{max}$ 时，上盘区的管道屈曲表现为起皱，而下盘区的屈曲模式介于压溃和起皱的临界状态；随着内压的增加，上盘区的管道屈曲均为单道起皱，且数量增加，而下盘区的管道屈曲模式为双道起皱，且在双道起皱的两侧出现了幅值较小的第三道起皱。

图 2-43 所示为逆断层作用下 P_{max} 压力管道及围土变形。断层面至两侧屈曲部位的管道部分分别与两侧的上下围土接触，而与另一侧形成空隙。下盘区屈曲部位外侧的管段与围土大面积接触，未形成较大空隙。上盘区管道被分为四段，整个管段向上拱起，与上部围土接触，与下部土体形成较大空隙。整体来看，逆断层上盘区发生变形的管道长度大于下盘区。

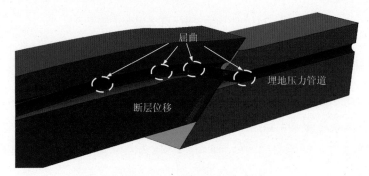

图 2-43　逆断层作用下压力管道及围土变形

图 2-44 所示为下盘区管道屈曲部位受压一侧的轴向应变分布。当内压小于 $0.4P_{max}$ 时，管道受压一侧轴向应变出现一个波峰和波谷，且轴向拉应变大于压应变，说明管壁屈曲模式为压溃；随着内压增加，波峰逐渐减小而波谷逐渐增大，两个以上的波谷出现，说明管壁出现了两道起皱；对于高压管道，在两个波谷的侧边又出现了一个峰值较小的波谷。可见，内压是影响管道屈曲模式的重要因素。

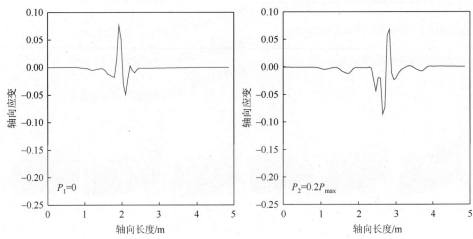

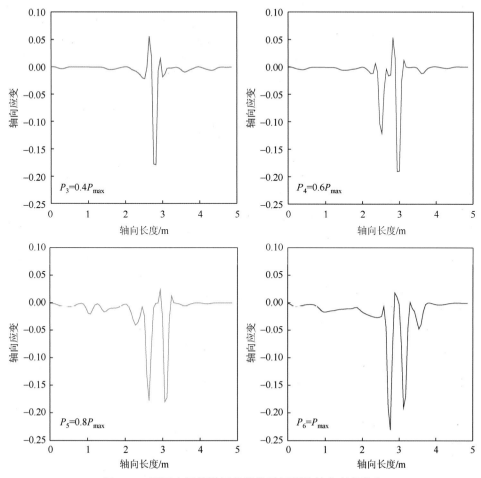

图 2-44　不同内压管道屈曲部位受压侧的轴向应变分布

2. 断层位错量影响分析

图 2-45 所示为 P_{max} 压力管道在不同位错量下的屈曲模式。当位错量小于 D 时，管壁未出现明显屈曲，但发生了塑性变形；随着位错量增加，上盘区管壁最先出现一处起皱，在第一处起皱位置与断层面中间管段随后出现第二处起皱，同时下盘区管道出现第三道起皱；随着位错量进一步增加，上盘区管道出现第三道起皱。随着位错量的增加，下盘区管壁三道起皱中的两道幅值逐渐增加，而第三道逐渐减小；上盘区最外侧的两处起皱幅值随着位错量的增加而呈现出先增加后减小的变化，而第三处起皱幅值却逐渐增加。这是由于上盘区中的管道出现第二处屈曲时缓解了第一处管道的屈曲变形，而第三处屈曲的出现又缓解了前两道屈曲变形。

图 2-46 所示为下盘区管道轴向应变分布。对于管壁受压侧，最大压应变处的管壁向外变形可认为是局部屈曲的开始。由于内压和弯矩的作用，在起皱的过渡

区形成了拉应变，这就导致受压侧管壁应变出现了小范围的波动。随着位错量的增加，管壁上拉、压应变均增加。对于管壁受拉侧，轴向应变均为拉应变，应变值随着位错量的增加而增大，且应变曲线形状变为"M"形。

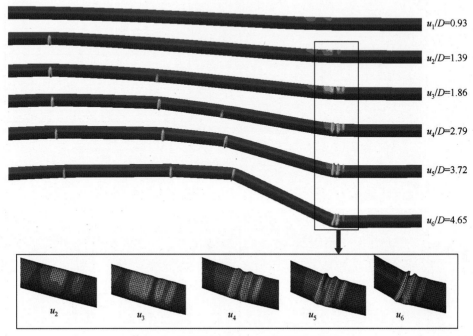

图2-45　不同位错量下压力管道屈曲模式

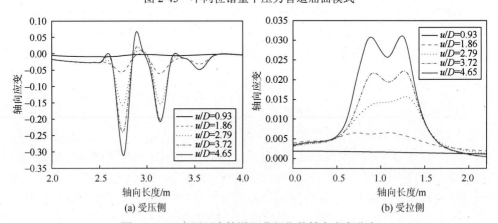

(a) 受压侧　　　　　　　　(b) 受拉侧

图2-46　下盘区压力管道屈曲部位的轴向应变分布

不同位错量下压力管道变形曲线如图2-47所示。逆断地层导致围土与管道的不均匀变形，随着位错量的增加，管道变形逐渐严重。同时，管道形状由光滑变为非光滑分段形状，曲线拐点处反映了管道的局部屈曲位置。

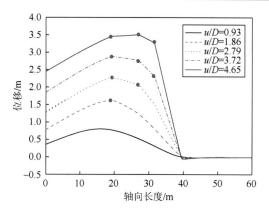

图 2-47　不同位错量下压力管道变形曲线

3. 管道径厚比影响分析

不同径厚比 P_{max} 压力管道屈曲变形如图 2-48 所示。径厚比越大，上盘区管道出现的屈曲部位越多，而下盘区管道屈曲程度也越严重。径厚比越小，管道变形越小，下盘区管道屈曲位置距离断层面越远。当径厚比小于 45 时，上盘区管道未出现局部屈曲，而下盘区管道应变呈"节状分布"。

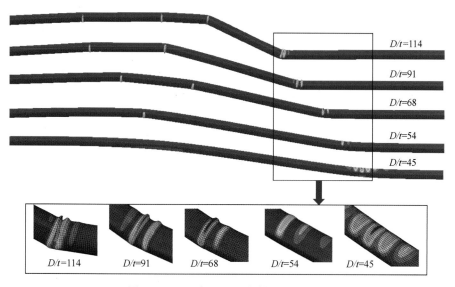

图 2-48　不同径厚比压力管道屈曲模式

图 2-49 所示为不同径厚比压力管道屈曲部位受压侧的轴向应变分布。随着径厚比的减小，管道轴向应变逐渐减小；当径厚比为 45 时，管道受压侧的应变波动较为均匀；随着径厚比的增大，管道最大压应变逐渐增大，管壁出现"皱纹"。

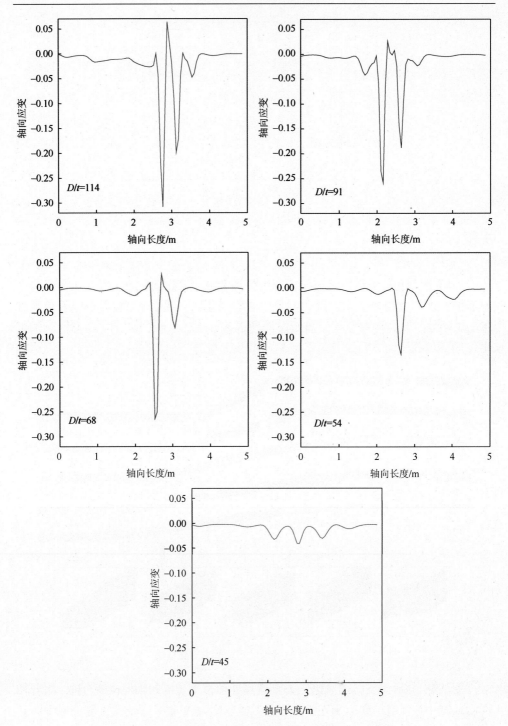

图 2-49　不同径厚比压力管道屈曲部位受压侧的轴向应变分布

4. 管土摩擦因数影响分析

断层运动过程中，管土摩擦力可分为两部分：围土发生屈服前的"静"摩擦力和围土发生屈服后的滑动摩擦力。当埋地管道出现轴向变形时，围土会阻碍管道相对运动。当围土阻力达到极限值时，管道表面附近的土体将发生屈服，此时管土之间会发生相对滑动[16]。

当位错量为 4.65D、径厚比为 114 时，下盘区管道受压侧的轴向应变如图 2-50 所示。管壁起皱的数量随着摩擦因数的增加而增多，同时管壁屈曲范围也随之增加。当摩擦因数小于 0.4 时，管壁起皱形状较为相似；随着摩擦因数的增大，管壁起皱的数量和最大轴向应变均增加。

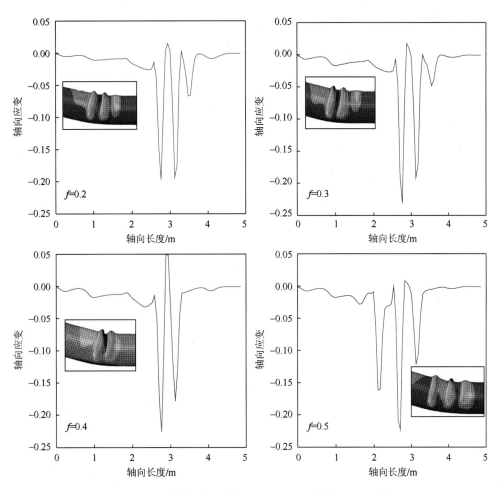

图 2-50　不同摩擦因数下管道屈曲部位受压侧的轴向应变分布

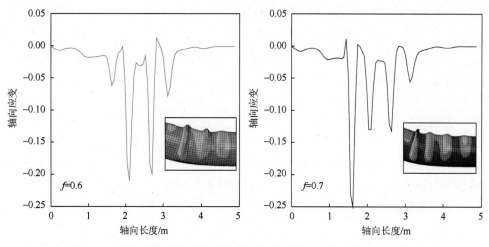

图 2-50　不同摩擦因数下管道屈曲部位受压侧的轴向应变分布（续）

2.4.3　硬岩地层埋地管道力学分析

1. 无压管道分析

图 2-51 所示为硬岩区无压管道在不同位错量下的应力分布。与软土地层相同，硬岩区的无压管道也是下盘区管道应力集中较为严重，且最先发生局部屈曲，管道的屈曲相貌均呈压溃状。但是，在相同地层位错量下，硬岩地层中的管道最先出现局部屈曲，因而其更易发生失效。

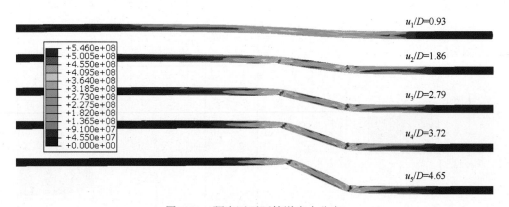

图 2-51　硬岩区无压管道应力分布

2. 压力管道分析

当地层位错量为 3.5D 时，硬岩地层不同内压管道的屈曲变形如图 2-52 所示。逆断层作用下，硬岩区的压力管道屈曲变形与软土地层有较大差别。

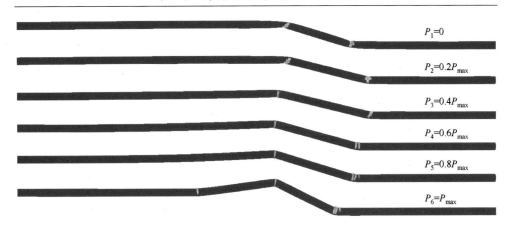

$P_1=0$

$P_2=0.2P_{max}$

$P_3=0.4P_{max}$

$P_4=0.6P_{max}$

$P_5=0.8P_{max}$

$P_6=P_{max}$

图 2-52　硬岩区不同内压管道的屈曲变形

当内压小于 $0.4P_{max}$ 时，管道出现两处局部屈曲，均为管壁压溃；随着内压增大，断层面两侧的屈曲模式由压溃变为起皱，且两个局部屈曲部位之间的距离先增大后减小；对于高压管道，上盘区管段出现两处起皱，但是二者却分别出现在管壁的两侧。说明上盘区第一处屈曲外侧管道开始承受向内弯矩，随着位错量的增大，该处管道又承受了相反方向的弯矩。

第3章 滑坡段埋地管道力学行为研究

3.1 滑坡地区管道应力和位移分析

勃洛达夫金[106]对埋地设于滑坡地区的管道受力与变形做了初步的分析。他将滑坡土体对管道的作用处理为两种模式：①下塌土在纵坡上向管道中线方向下塌——纵坡下塌；②下塌土在垂直于管道中线或与管道中线成一定角度下塌——横向下塌。并认为横向下塌时下塌土不但会在管道中产生拉力，而且管道还将承受弯矩；而纵坡下塌则在管道中产生压应力、拉应力或两者同时发生的应力。因此，横向下塌土壤的作用力对管道的威胁最大，在一定的条件下会使管道发生破坏。作者在此基础上，较详细地分析了土壤横向下塌时管道的受力与变形。

3.1.1 泥土横向下塌时管道的理论分析

勃洛达夫金认为：对于缓慢滑坡，可以假定滑坡横向各处的泥土移动速度和土壤压力是均一的，且在下塌过程中，当管道完全停止不动时，管道中的应力状态最危险，变形也最大，计算模型见图3-1。

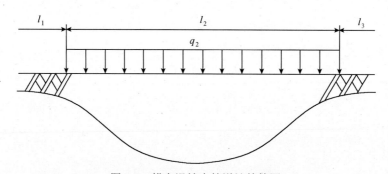

图3-1 横向滑坡中管道计算简图

该模型把滑坡管道处理为悬跨段，而滑坡段两侧的管道仍处于埋设状态。这种模型可以较为真实地反映泥土横向下塌时管道受力与变形的客观实际，但对泥土下塌段 l_2 两端尚处于埋设状态的管段 l_1、l_3 未做较准确的分析，略去了埋设管段弯曲变形对悬跨段变形的影响，因而所得的结果有一定近似性。作者按纵横弯曲弹性地基梁理论分析埋设管段的变形与受力，从而可望得到更为符合实际的解答。

1. 悬跨管段分析

将悬跨管段 l_2 与埋设管段 l_1、l_3 的吻接处切开，并取出 l_2 段管道（图 3-2（a）），建立图示坐标系统。显见，该管段为一纵横弯曲直管段，其弯曲微分方程为

$$EI\frac{\mathrm{d}^2 y_2}{\mathrm{d}x^2} = M_{20} + Py_2 - q_2 x^2 / 2 + Q_{20}x \qquad (3\text{-}1)$$

式中，EI——管道的抗弯刚度；

q_2——下塌泥土作用于单位管长上的压力。

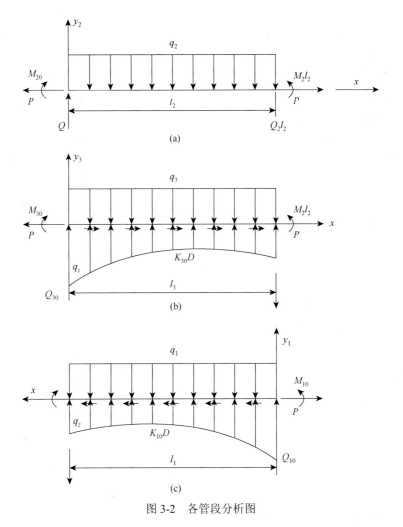

图 3-2 各管段分析图

假定泥土移动具有蠕变性，则泥土作用于单位长度管道上的土压力可按下式计算：

$$q_2 = 8\pi\eta\upsilon / (4 - 2\ln Re) \tag{3-2}$$

式中，$Re = \dfrac{VD}{\nu}$；

　　　　V——下榻土在管道埋深处的滑行速度；

　　　　D——管道外径；

　　　　ν——运动黏度；

　　　　η——动力黏度；

　　在 l_2 段管道并非由于滑坡而形成的悬空段时，比如部分管段铺设在松软的土壤（如沼泽、永冻土解冻地带等）中，由于管道下部的土壤凹陷而形成悬空段，或者管线跨越沟渠等，此时，管道承受的横向载荷 q_2 不应按式（3-2）计算。

　　对于管道下部泥土凹陷形成的悬空段，其横向力 q_2 可按下式计算：

$$q_2 = q_0 + \frac{1}{2}D\gamma_t h[1 + \tan^2(45° - \varphi / 2)] \tag{3-3}$$

式中，q_0——单位长度管道（包括管内）介质重量；

　　　　γ_t——覆土重量；

　　　　h——覆土高度（管道中心距填土表面的深度）；

　　　　φ——土壤的内摩擦角。

　　对于跨越沟渠的管道，有

$$q_2 = q_0 \tag{3-4}$$

式（3-1）的解，可以较方便地求得

$$y_2 = C_1 e^{\sqrt{P/EI}x} + C_2 e^{-\sqrt{P/EI}x} + q_2 x^2 / 2P - C_3 x / P + (q_2 EI - C_4 P) / P^2 \tag{3-5}$$

式中，$C_3 = Q_{20}$，$C_4 = M_{20}$。

2. 埋设管段分析

　　现取出 l_3 段管道示于图 3-2（c）。图中，P、M_{30}、Q_{30} 为悬跨段 l_2 对 l_3 段管道的作用力，q_3 为 l_3 段管道承受的横向力，可按式（3-3）计算。

　　在轴向拉力 P 的作用下，l_3 段管道与土壤间必存在着摩擦力 q_x，且 q_x 沿管长连续变化，但为讨论方便，仍近似地取 q_x 为常数。

$$q_x = \pi D\mu\gamma_t h \tag{3-6}$$

式中，μ——管土间的摩擦系数。

则，埋设管道的变形长度为

$$l_3 = P / q_x \tag{3-7}$$

　　如此，可将埋设管段 l_3 处理为具有横向载荷和集中轴向力与分布轴向力共同作用的纵横弯曲弹性地基梁。分析中，采用图 3-3 所示的力学模型，即将 l_3 管段均分为 n 段（$n = 1, 2, \cdots, n$），则每段管长为

$$l_{31} = l_3 / n \tag{3-8}$$

并且，把各段管内土壤对管道的摩擦阻力（$q_x l_{31}$）均分到两端点上（以避免求解变系数微分方程）。如此，各管段承受的集中轴向拉力为

$$\begin{cases} P_{31} = P - q_x l_{31} / 2 \\ P_{3i} = P_{31} - (i-1)q_x l_{31} \quad (i = 2, 3, \cdots, n) \end{cases} \tag{3-9}$$

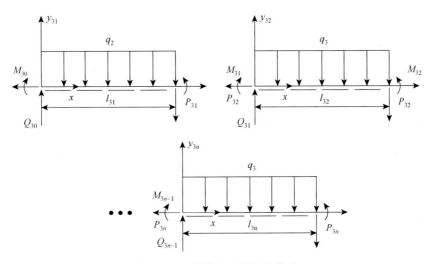

图 3-3　埋设管段力学计算模型

于是，各分段管道均可视为一承受集中轴向拉力 P_{31} 的纵横弯曲弹性地基梁。采用 Winkle 地基模型，得管段的弯曲微分方程：

$$EI \frac{\mathrm{d}^4 y_{3i}}{\mathrm{d}x^4} - P_{3i} \frac{\mathrm{d}^2 y_{3i}}{\mathrm{d}x^2} + k_{30} D y_{3i} = -q_3 \tag{3-10}$$

式中，k_{30} ——l_3 段管道的地基抗力系数。

上式的解虽然应根据 P_{3i} 与 $2\sqrt{k_{30}DEI}$ 关系分三种情况讨论，但在保证管道的强度与稳定性的前提下，须有 $P_{3i} < 2\sqrt{k_{30}DEI}$。此时，式（3-10）的解为

$$\begin{aligned} y_{3i} &= (C_{3i1}\mathrm{e}^{a_{3i}x} + C_{3i2}\mathrm{e}^{-a_{3i}x})\cos \beta_{3i}x + (C_{3i3}\mathrm{e}^{a_{3i}x} + C_{3i4}\mathrm{e}^{-a_{3i}x})\sin \beta_{3i}x \\ &\quad - q_3 / k_{30}D \quad (i = 1, 2, \cdots, n) \end{aligned} \tag{3-11}$$

式中，$a_{3i} = \sqrt{\sqrt{\dfrac{k_{30}D}{4EI}} + \dfrac{P_{3i}}{4EI}}$ ；

$\beta_{3i} = \sqrt{\sqrt{\dfrac{k_{30}D}{4EI}} - \dfrac{P_{3i}}{4EI}}$ 。

同理，对 l_1 段管道（图 3-2（a））做上述同样的处理，得各分段管道挠度曲线表达式：

$$y_{1i} = (C_{1i1}e^{a_{1i}x} + C_{1i2}e^{-a_{1i}x})\cos\beta_{1i}x + (C_{1i3}e^{a_{1i}x} + C_{1i4}e^{-a_{1i}x})\sin\beta_{1i}x - q_1/k_{10}D \qquad (3-12)$$

式中，$a_{1i} = \sqrt{\sqrt{\dfrac{k_{10}D}{4EI}} + \dfrac{P_{1i}}{4EI}}$ ；

$\qquad\qquad \beta_{1i} = \sqrt{\sqrt{\dfrac{k_{10}D}{4EI}} - \dfrac{P_{1i}}{4EI}}$ ；

$\qquad k_{10}$——l_1 段管道的地基抗力系数。

3. 待定参数的确定

上述各式中，尚有 $C_i(i=1,2,3,4)$，$C_{jik}(j=1,3;i=1,2,\cdots,n;k=1,2,3,4)$ 及管道的轴向拉力 P 共（$5+8n$）个待定参数。可利用的边界条件有

$$y_{jn}\Big|_{x=1_{j1}} = \frac{\mathrm{d}y_{jn}}{\mathrm{d}x}\Big|_{x=1_{j1}} = \frac{\mathrm{d}^2 y_{jn}}{\mathrm{d}x^2}\Big|_{x=1_{j1}} = 0 \quad (j=1,3) \qquad (3-13)$$

与连续条件

$$\begin{cases} y_{ji}\Big|_{x=l_{j1}} = y_{ji+1}\Big|_{x=0} \\[2mm] \dfrac{\mathrm{d}y_{ji}}{\mathrm{d}x}\Big|_{x=l_{j1}} = \dfrac{\mathrm{d}y_{ji+1}}{\mathrm{d}x}\Big|_{x=0} \\[2mm] \dfrac{\mathrm{d}^2 y_{ji}}{\mathrm{d}x^2}\Big|_{x=l_{j1}} = \dfrac{\mathrm{d}^2 y_{ji+1}}{\mathrm{d}x^2}\Big|_{x=0} \\[2mm] \dfrac{\mathrm{d}^3 y_{ji}}{\mathrm{d}x^3}\Big|_{x=l_{j1}} = \dfrac{\mathrm{d}^3 y_{ji+1}}{\mathrm{d}x^3}\Big|_{x=0} \end{cases} \begin{pmatrix} j=1,3 \\ i=1,\cdots,n-1 \end{pmatrix} \qquad (3\text{-}14a)$$

$$\begin{cases} y_{11}\Big|_{x=0} = y_2\Big|_{x=0} \\[2mm] -\dfrac{\mathrm{d}y_{11}}{\mathrm{d}x}\Big|_{x=0} = \dfrac{\mathrm{d}y_2}{\mathrm{d}x}\Big|_{x=0} \\[2mm] \dfrac{\mathrm{d}^2 y_{11}}{\mathrm{d}x^2}\Big|_{x=0} = \dfrac{\mathrm{d}^2 y_2}{\mathrm{d}x^2}\Big|_{x=0} \\[2mm] -\dfrac{\mathrm{d}^3 y_{11}}{\mathrm{d}x^3}\Big|_{x=0} = \dfrac{\mathrm{d}^3 y_2}{\mathrm{d}x^3}\Big|_{x=0} \end{cases} \qquad (3\text{-}14b)$$

$$\begin{cases} y_2 \big|_{x=l_2} = y_{31} \big|_{x=0} + H \\[2mm] \dfrac{\mathrm{d}y_2}{\mathrm{d}x} \bigg|_{x=l_2} = \dfrac{\mathrm{d}y_{31}}{\mathrm{d}x} \bigg|_{x=0} \\[2mm] \dfrac{\mathrm{d}^2 y_2}{\mathrm{d}x^2} \bigg|_{x=l_2} = \dfrac{\mathrm{d}^2 y_{31}}{\mathrm{d}x^2} \bigg|_{x=0} \\[2mm] \dfrac{\mathrm{d}^3 y_2}{\mathrm{d}x^3} \bigg|_{x=l_2} = \dfrac{\mathrm{d}^3 y_{31}}{\mathrm{d}x^3} \bigg|_{x=0} \end{cases} \qquad (3\text{-}14c)$$

共（$6+8n$）个，方程组有无穷多组解或方程组无解。但由于实际问题中只可能有一个确定的解，因此可放松一个边界限制，比如将边界条件式（3-13）变为

$$y_{jn} \big|_{x=l_{j1}} = \dfrac{\mathrm{d}y_{jn}}{\mathrm{d}x} \bigg|_{x=l_{j1}} = \dfrac{\mathrm{d}^2 y_{3n}}{\mathrm{d}x^2} \bigg|_{x=l_{31}} = 0 \quad (j=1,3) \qquad (3\text{-}15)$$

这样，由式（3-14）、式（3-15）便可唯一确定所有的待定参数。注意，式（3-14）中的 H 假定为 l_3 段管道相对于 l_1 段管道的高差。

若 l_1、l_3 段管道及其地基抗力系数 k_{10}、k_{30} 均对称于 l_2 段管道的中点，便可利用对称性条件

$$\dfrac{\mathrm{d}y_2}{\mathrm{d}x} \bigg|_{x=l_2/2} = \dfrac{\mathrm{d}^3 y_2}{\mathrm{d}x^3} \bigg|_{x=l_2/2} = 0 \qquad (3\text{-}16)$$

和式（3-14a）、式（3-14c）及式（3-15）中 $j=3$ 时的诸等式而使问题得解，此时 H 应取零值。

鉴于轴向力 P 是 y_{ji} 及其各阶导数的非线性函数，求解时，以预设轴向力 P 后求解（$4+8n$）个线性代数方程组（非对称情况）或解（$4+8n$）个线性代数方程组（对称情况）为宜。然后，把解得的各个待定系数代入余下的一个控制方程 $\int(x)^* = 0$。若该控制方程恰好得以满足或其结果小于等于预先设定的允许精度 ε，即

$$\int(x)^* \leqslant \varepsilon \qquad (3\text{-}17)$$

则，所设轴向力 P 及其由此解得的各待定参数即为该管道的近似解，否则应重新设定轴向力 P 进行新一轮的迭代。

4. 管道强度校核

根据上述分析求得各待定参数后，便可按第四强度理论校验在确定塌陷长度 l_2 时管道强度是否足够，或者确定管道的极限塌陷长度 $l_{2\max}$（管道中的最大相当应力 $(\sigma_{r4})_{\max}$ 等于管材的屈服极限 σ_s 时的塌陷长度）：

$$(\sigma_{r4})_{\max} = (\sqrt{\sigma^2 + 3\tau^2})_{\max} \leqslant [\sigma] \qquad (3\text{-}18)$$

式中，$[\sigma]$——允许应力，$[\sigma] = K\sigma_s$，$K = 0.94\psi$。

　　ψ——管道焊缝系数，无缝钢管 $\psi = 1$；符合石油天然气行业标准的螺旋焊缝钢管，双面焊 $\psi \leqslant 1$，单面焊 $\psi \geqslant 0.8$；对不符合标准者，双面焊 $\psi \leqslant 0.85$，单面焊 $\psi \geqslant 0.65$。

　　σ——轴向应力。$\sigma = P'/F + M'/W$，P'、M' 分别为管道中任意点的轴向拉力与弯矩；F、W 分别为管道的横截面积和抗弯截面模量。

　　τ——剪切应力。$\tau = 2Q'/F$，Q' 为管道中对应于 P' 与 M' 点处的剪力。

3.1.2　算例与分析

　　某管道管材为 5LX52，管材屈服极限 $\sigma_s = 366\text{MPa}$。假定该管道对称于塌陷段中点，取管道单位长度的摩擦力 $q_x = 2.45 \times 10^4 \text{N/m}$，覆土深度 $h = 0.5\text{m}$，土壤容重 $\gamma_t = 1.9 \times 10^4 \text{N/m}^3$。分析管道中的轴向拉力 P 及最大相当应力随管径 D、塌陷段长度 l_2 和地基抗力系数 k_{30} 的变化关系。

　　算例中，q_2、q_3 均按式（3-3）计算，并将埋设管段 l_3 均分为 3 段，即 $n=3$，以下式为判定方程：

$$f(x^*) = EI \frac{\mathrm{d}^3 y_2}{\mathrm{d}x^2}\bigg|_{x=l_2/2} \leqslant \varepsilon \qquad (3\text{-}19)$$

现将主要计算结果绘于图 3-4～图 3-6 之中。

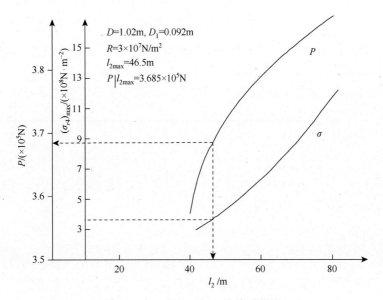

图 3-4　P、$(\sigma_{r4})_{\max}$ 与 l_2 的关系曲线

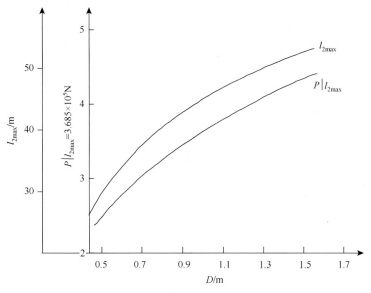

图 3-5　$l_{2\max}$、$P\big|_{l_2 = l_2\max}$ 与 D 的关系曲线

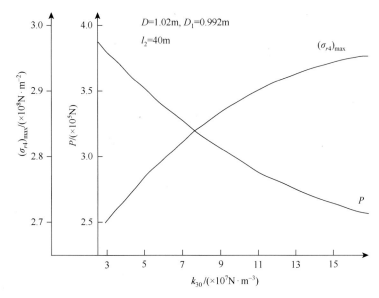

图 3-6　$(\sigma_{r4})_{\max}$、P 随 k_{30} 的变化曲线

图 3-4 为管道中轴向力 P、最大相应力 $(\sigma_{r4})_{\max}$ 随管道塌陷长度 l_2 的变化关系曲线。由图知，P、$(\sigma_{r4})_{\max}$ 均随 l_2 的增大而迅速增大，管道的极限塌陷长度为 $l_{2\max} = 46.5\mathrm{m}$，此时管道中的轴向拉力 $P\big|_{l_2 = l_2\max} = 3.685 \times 10^5 \mathrm{N}$。

图 3-5 绘出了地基系数 $k_{30} = 3 \times 10^7 \mathrm{N/m^3}$ 时，管道的极限塌陷长度 $l_{2\max}$ 与极限

塌陷长度时管道中的轴向力 $P\big|_{l_2=l_{2\max}}$ 随管径 D 的变化曲线，显见 $l_{2\max}$ 与 $P\big|_{l_2=l_{2\max}}$ 均随 D 的增大而增大，且在管径小时增长较快。

图 3-6 为 $l_2 = 40\text{m}$ 时，$(\sigma_{r4})_{\max}$ 与 D 随 k_{30} 的变化曲线。显然，P 随 k_{30} 的增加而降低，$(\sigma_{r4})_{\max}$ 则随 k_{30} 的增大而增加，且都在 k_{30} 较小时变化较快，在 k_{30} 较大时变化缓慢。

3.2　滑坡段埋地管道力学分析

3.2.1　滑坡段管道数值计算模型

基于有限元原理，建立横向滑坡与埋地管道的三维数值计算模型。模型宽度为 200m，滑坡体宽度为 40m，管道埋深为 2m。由于模型结构和载荷的对称性，为了提高计算效率，建立 1/2 模型进行数值计算[107]。管道直径为 660mm，管道壁厚为 8mm，管材为 X65，管道内压为 3MPa。

初始分析时，假定滑坡体与滑坡床土质相同，均为粉质黏土，采用 Mohr-Coulomb 本构模型描述土体性质，其弹性模量为 20MPa、泊松比为 0.3、黏聚力为 15kPa、密度 1840kg/m³、内摩擦角为 15°。建立管道与土体间的接触关系，管土摩擦系数为 0.5。采用壳单元对管道进行网格划分，采用六面体实体单元对滑坡体和滑坡床进行网格划分。

3.2.2　滑坡床性质对管道力学性能的影响

通过计算分析，得到图 3-7 所示典型滑坡段管道的应力和变形过程。在滑坡体的运动作用下，管道中段逐渐发生弯曲变形，管道应力逐渐增大。当滑坡体的滑移量较小时，管道局部出现应力集中，但不会超过管材屈服极限；随着滑移量增大，管道出现了三个高应力区，分别位于管道中端与后端滑坡体接触一侧，及位于滑坡床区的两端管段弯曲内侧，该三处出现了塑性变形；当坡体滑移量较大

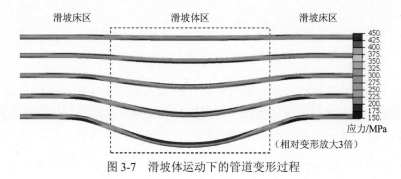

图 3-7　滑坡体运动下的管道变形过程

时，在前面三处的管段另一侧也出现了高应力区，并发生塑性变形。在整个管道变形过程中，其主要为拉应变，当超过管道极限应变时，管道可能发生拉断事故，引起油气泄漏。

为研究滑坡床土体性质对管道力学的影响，对下述两种工况进行对比分析。工况 1：滑坡体和滑坡床均为粉质黏土。工况 2：滑坡体为粉质黏土，滑坡床为黄土，黄土弹性模量为 33MPa、泊松比为 0.44、黏聚力为 25.6kPa、密度为 1400kg/m³、内摩擦角为 11.7°。当坡体滑移量为 3m 时，两种工况下的管道应力云图如图 3-8 所示，两种工况下的管道应力分布较为接近。

为了定量描述管道应力分布，提取图 3-8 所示 a、b 路径管道应力进行分析，如图 3-9 所示。对于 a 路径，两种工况下均出现了两处塑性变形区，但是工况 2 下位于滑坡床段的管道塑性变形区更接近于管道中段，表明滑坡床体土质越硬，管道发生危险的部位越靠近管道中段。对于 b 路径，工况 1 下的管道仅出现了 1 处塑性变形，在管道中段下部并未出现塑性变形，而工况 2 下管道却出现了 2 处塑性变形，表明黄土滑坡床中的埋地管道更为危险。

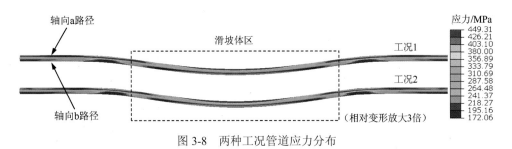

图 3-8　两种工况管道应力分布

图 3-10 所示为两种工况下管道位移曲线，两条曲线的差别主要位于滑坡床与滑坡体交界面附近。由于粉质黏土较黄土的变形大，因而在滑坡体运动过程中的

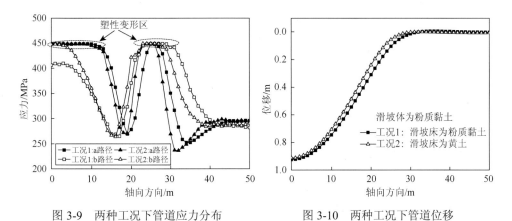

图 3-9　两种工况下管道应力分布　　　　　图 3-10　两种工况下管道位移

管道位移较小。但是位于黄土滑坡床段的管道位移相对较大，因而管道在弯曲变形部位的曲率较小，更易破坏。

图 3-11 为坡体滑移量为 3m 时的管道轴向应变分布云图，可见管道最大轴向应变出现在滑床管段的弯曲变形部位，最大拉应变出现在弯曲段外侧，最大压应变出现在弯曲段内侧。由于管道压应变远小于拉应变，说明拉应变是造成管道失效的主要原因。

图 3-12 所示为管道弯曲外侧的轴向应变分布曲线，工况 1 下的管道最大拉应变距离中心 26m，而工况 2 下的最大拉应变位于 24m 处，说明这两处管道最易发生拉断事故，且均处于滑坡体外的滑床区（滑坡体半宽 20m）内。黄土滑床中管道最大应变为粉质黏土滑床的 1.7 倍，说明滑坡床土质越硬管道越易发生断裂事故。后文分析均以工况 1 为例进行分析。

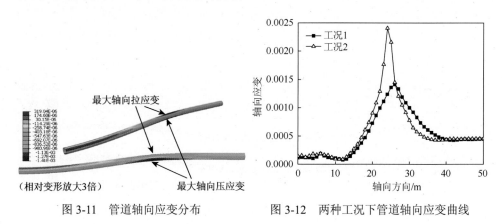

图 3-11　管道轴向应变分布　　　　　　图 3-12　两种工况下管道轴向应变曲线

3.2.3　滑坡体规模对管道力学性能的影响

1. 坡体滑移量影响分析

坡体滑移量受后端滑移岩土的规模、滑坡倾斜角、岩土性质等因素的影响，是导致管道变形的最显著因素。图 3-13 所示为不同滑移量下管道的位移曲线，表明随着坡体滑移量的增大，管道弯曲变形逐渐增大。由于管土耦合作用，滑坡体在管道的阻碍作用下也出现了大变形，因而埋地管道最大位移量小于坡体滑移量。且埋地管道的最大位移量并非与坡体滑移量呈线性规律变化，说明管土耦合过程是非线性的，滑坡段管道的计算必须考虑管土耦合作用。

图 3-14 所示为不同坡体滑移量下的管道轴向应变分布，在距离滑坡体与滑坡床界面 6m 处的管道轴向应变最大，且该部位附近管段轴向应变随坡体滑移量变化较大，而其他部位则相对较小。最大轴向拉应变随着滑移量的增大而增大，特

别是滑移量大于 3m 后应变变化率急剧增大,应引起高度重视。

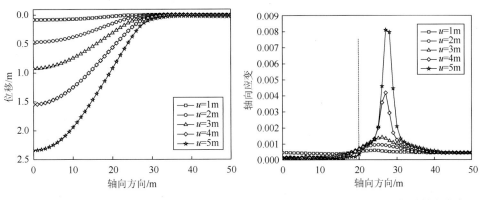

图 3-13　不同坡体滑移量下管道位移　　图 3-14　不同坡体滑移量下管道轴向应变

图 3-15 所示为不同坡体滑移量下管道应力分布。对于 a 路径,当滑移量小于 2m 时,管道未出现塑性变形,管道应力随着坡体滑移量的增加而增大;当滑移量大于 2m 时,管道出现了两处塑性变形区,分别位于坡体区管道中段和滑床区管段,管道塑性变形区的长度随着坡体滑移量的增加而增大。对于 b 路径,当滑移量为 1m 时,管道下侧的最大应力为 350MPa;当滑移量为 2～3m 时,坡体区的管道应力较小,而位于滑床区的管段出现了较小的塑性变形;当滑移量大于 3m 时,管道该侧出现了两个塑性变形区,且变形区长度随着滑移量的增加而增大。

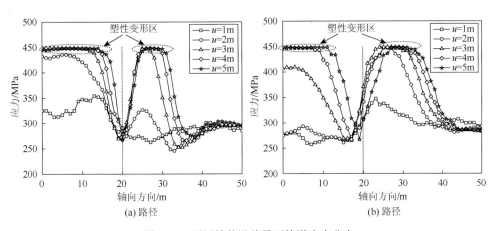

图 3-15　不同坡体滑移量下管道应力分布

2. 滑坡体宽度影响分析

滑坡体越宽,其影响的管道越长。图 3-16 所示为坡体滑移量为 3m 时,不同滑坡体宽度下的管道位移曲线。当滑坡体宽度为 20m 时,管道最大位移量仅为

0.53m，随着坡体滑移量的增大，管道最大位移量也随之增大。当滑坡体宽度大于60m 时，其最大位移量变化较小，由于宽度增大使得管道中段的位移量反而减小。因而，从整体上看，位于滑坡体和滑床界面内侧 30m 和外侧 10m 范围内的管道变形较大，而超出该范围的管道变形则较小。

　　当坡体滑移量为 3m 时，不同滑坡体宽度下管道的轴向应变分布如图 3-17 所示。管道最大轴向应变随坡体宽度先增大后减小，当坡体宽度大于 60m 后，最大轴向应变基本保持不变，仅是轴向应变峰谷曲线向外扩展。而管道中段的轴向应变却随着坡体宽度的增加而增大；当轴向应变达到 0.00055 时，管道中段应变不再增大，但范围却逐渐扩展。

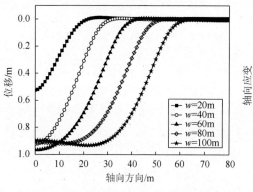

图 3-16　不同滑坡体宽度下管道位移　　　图 3-17　不同滑坡体宽度下管道轴向应变

　　图 3-18 所示为不同滑坡体宽度下管道的应力分布曲线。对于 a 路径，当坡体宽度小于 40m 时，仅在管道中段出现了塑性变形，随着坡体宽度的增大，管道该侧出现了两处塑性变形区，其中坡体内管段的塑性区域较长，而位于滑床区的塑性

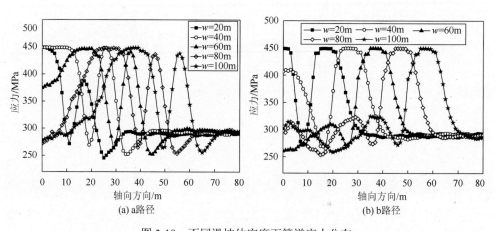

(a) a路径　　　　　　　　　　　　　(b) b路径

图 3-18　不同滑坡体宽度下管道应力分布

区域则较小。对于 b 路径，当坡体宽度为 20m 时，管道出现了两处塑性变形区；随着坡体宽度的增大，管道该侧仅在滑床区管段出现一处塑性变形区。因此，当滑坡体宽度较小时，管道上侧仅出现 1 处塑性变形，而管道下侧出现了 3 处塑性变形；当滑坡体宽度较大时，管道上侧已经出现 3 处塑性变形，而下侧则仅仅出现 2 处塑性变形。

3.2.4　土体性质对管道力学性能的影响

1. 土体弹性模量影响分析

当管道内压为 3MPa、坡体滑移量为 3m 时，不同土体弹性模量下的管道位移如图 3-19 所示。随着土体弹性模量的增大，管道弯曲变形逐渐增大，当土体弹性模量大于 40MPa 后，管道弯曲变形随其变化较小。

图 3-20 所示为不同土体弹性模量下管道的轴向应变，仅在滑床区管段发生弯曲处的轴向应变变化较大，而其他部位轴向应变随土体弹性模量变化较小，最大轴向拉应变随着土体弹性模量的增大而增大。

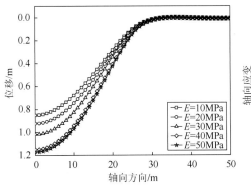

图 3-19　不同土体弹性模量下管道位移　　　图 3-20　不同土体弹性模量下管道轴向应变

图 3-21 所示为不同土体弹性模量下管道应力分布曲线。对于 a 路径，当土体弹性模量小于 10MPa 时，管道该侧仅在中段出现了一处塑性变形；而随着土体弹性模量的增大，管道在滑床区的管道也出现了一处塑性变形。对于 b 路径，当土体弹性模量小于 30MPa 时，仅有滑床区管道出现了塑性变形，而滑坡区管道的应力随着土体弹性模量的增大而增大，但仍未超过屈服极限；当土体弹性模量大于 30MPa 时，管道该侧出现了两处塑性变形区。总体而言，当土体弹性模量大于 30MPa 时，其对管道塑性变形区轴向长度的影响较小。

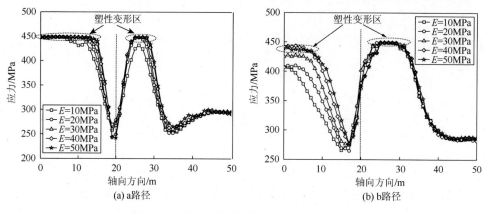

图 3-21　不同土体弹性模量下管道应力分布

2. 土体泊松比影响分析

当管道内压为 3MPa、坡体滑移量为 3m 时，图 3-22 所示为不同土体泊松比下的管道位移曲线。土体泊松比主要影响管道中段的位移，而对其他管段的位移影响较小。

图 3-23 所示为不同土体泊松比下管道轴向应变，在最大轴向应变处受土体泊松比影响较大，而其他部位应变的变化较小。

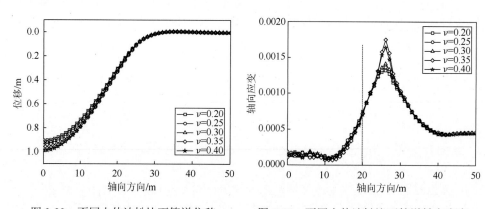

图 3-22　不同土体泊松比下管道位移　　图 3-23　不同土体泊松比下管道轴向应变

图 3-24 所示为不同土体泊松比下管道应力分布，对于 a 路径，土体泊松比对其影响非常小。而对于 b 路径，土体泊松比仅影响管道中段该侧的应力分布和大小。只有泊松比为 0.4 时，管道中段下侧才会出现塑性变形，而当泊松比小于 0.4 时，管道该处不会产生塑性变形。

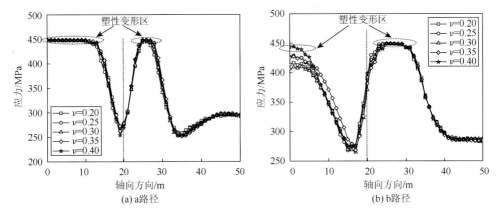

图 3-24　不同土体泊松比下管道应力分布

3. 土体黏聚力影响分析

当管道内压为 3MPa、坡体滑移量为 3m 时，不同黏聚力土体中的管道位移曲线如图 3-25 所示。土体黏聚力越大，管道弯曲变形越严重，最大位移量随着黏聚力的增大而增大。这是由于滑坡体的黏聚力越大，其在管道作用下的变形就越小，在相同滑坡体位移量下的管道位移就越大。同时，在滑坡床管段弯曲变形处的曲率半径随着土体黏聚力的增大而减小，说明土体黏聚力越大，管道就越容易发生失效。

图 3-26 所示为不同土体黏聚力下管道轴向应变曲线。最大轴向拉应变随着黏聚力的增大而增大。在轴向 20～30m 处管道的轴向应变变化较大，而其他部位的轴向应变变化较小。

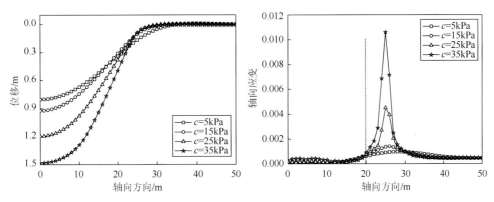

图 3-25　不同土体黏聚力下管道位移　　图 3-26　不同土体黏聚力下管道轴向应变

图 3-27 所示为不同土体黏聚力下管道的应力分布曲线，对于 a 路径，当土体黏聚力为 5kPa 时，管道该侧仅有中段出现了塑性变形；随着黏聚力的增大，管道该

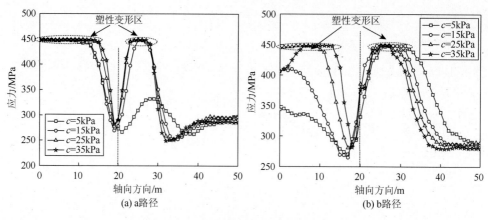

图 3-27　不同土体黏聚力下管道应力分布

侧出现了两处塑性变形，且塑性区域的长度随着黏聚力的增大而增大，但变化率较小。对于 b 路径，当土体黏聚力小于 15kPa 时，仅在滑坡床区管段出现了塑性变形；随着黏聚力的增大，管道该侧中段也出现了塑性变形，当黏聚力大于 35kPa 时，管道的塑性区长度变短。

3.2.5　管道结构参数对其力学性能影响

1. 管道径厚比影响分析

管道径厚比越小，其抗弯刚度越大，发生失效的概率就越小。当管道内压为 3MPa、坡体滑移量为 3m 时，不同径厚比管道的位移曲线如图 3-28 所示。径厚比越小，管道位移量越小，弯曲变形也越小；且在滑坡体与滑坡床界面处，管道的位移不随径厚比变化。

图 3-29 所示为不同径厚比管道的轴向应变曲线，随着径厚比增加，管道的轴向应变也越大。当径厚比小于 82.5 时，管道上侧中段的应变为压应变而非拉应变。因此，薄壁管道在山体滑坡灾害下更加危险。

图 3-30 所示为不同径厚比管道的应力分布。对于 a 路径，当管道径厚比大于 82.5 时，管道该侧出现了两处塑性变形；而随着径厚比的减小，仅在管道中段出现了塑性变形，且滑坡床区管道的塑性应变逐渐消失，其他部位的应力随着径厚比的减小而减小。对于 b 路径，不同径厚比管道的应力分布相同，但应力随径厚比减小而减小；管道该侧的中段均未出现塑性变形；仅当径厚比大于 41.25 时，滑坡床区管段才出现了塑性变形；当该处管道塑性变形长度达到临界值后，则不再随径厚比而发生变化。因此，可通过适当增加管道壁厚来降低管道发生失效的概率。

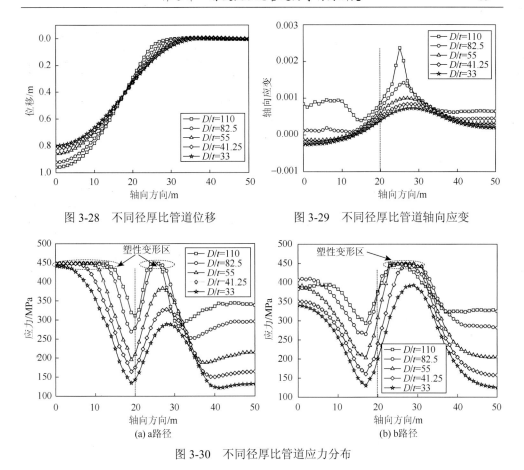

图 3-28　不同径厚比管道位移　　　　　图 3-29　不同径厚比管道轴向应变

(a) a 路径　　　　　　　　　(b) b 路径

图 3-30　不同径厚比管道应力分布

2. 管道内压影响分析

当管道内压为 1～5MPa、坡体滑移量为 3m 时，管道位移曲线如图 3-31 所示。随着内压增大，管道的位移量逐渐增大，且弯曲变形更为严重。

图 3-32 为不同内压下管道的轴向应变曲线，表明在内压为 1～3MPa 范围内，随着内压的增大，管道轴向应变逐渐增大，但是变化率均较小。但当内压达到 5MPa 时，管道轴向应变则变化较大，出现了两处应变峰值，且最大轴向应变位于滑坡体区管道弯曲处，这是由于管道受滑坡土体载荷和内压联合载荷作用所致。当内压较小时，其对管道力学性能影响较小，但地层运动对管道力学性能的影响较大；当内压较大时，内压作用逐渐增强，对于管道弯曲变形较大的部位，内压的作用尤为明显。因此，处于易滑坡地段高压管道更加危险。

图 3-33 所示为不同内压管道的应力分布曲线，表明内压越大，整条管段的应力越大。对于 a 路径，管道该侧出现了三处塑性应变区，且内压越大，塑性区域越长。对于 b 路径，管道该侧仅有两处塑性变形。当压力达到 5MPa 时，管道应力分布发生

了明显变化，整条管段应力均较高，表明高内压工况下管道的危险性明显增加。

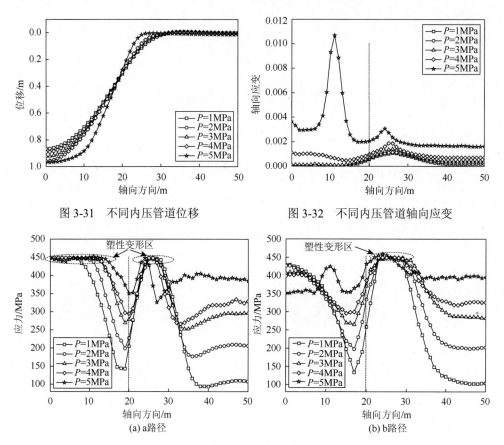

图 3-31 不同内压管道位移   图 3-32 不同内压管道轴向应变

(a) a路径

(b) b路径

图 3-33 不同内压管道应力分布

第4章 崩塌作用下管道力学行为研究

4.1 落石形成条件

关于落石和崩塌的定义，不同学者之间的差异较大，而一般认为崩塌和落石的差异主要在于失稳物质的体积大小。总的来说，在自重和外力作用下，岩体从比较陡峭的岩质斜坡和山体上脱离母岩，突然猛烈地从高处崩落的现象称为落石[69]。

大多数落石的发生都跟危岩和崩塌有着紧密联系，落石可认为是小规模的崩塌，而危岩是指尚未完全脱离母岩，处于欠稳定状态的岩体。落石是自然因素和人为因素作用的结果，其成因可分为以下几个方面：

（1）地形地貌。陡峻的斜坡是落石形成的基本条件，落石大多发生在 40°以上斜坡处，且坡度越大越利于落石的形成。如图 4-1 所示，忠武管道张家沟—双河段的输气管道沿线具有 96 个落石点[108]，96.74%的落石发育于坡度大于 40°的斜坡段。

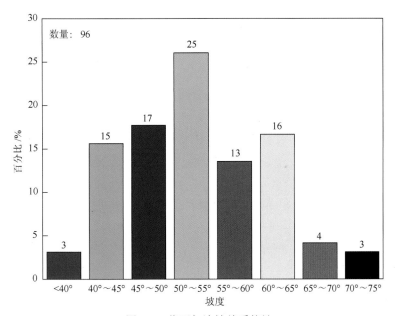

图 4-1 落石与边坡关系统计

（2）地层岩性。岩体破碎、节理发育的块状或层状岩石均易形成落石，如石灰岩、花岗岩、砂岩、页岩、片麻岩等。当坚硬岩体下覆软弱岩层或已风化岩层时，也易发生落石。

（3）地质构造。地质构造作用会破坏岩层的完整性，将其切割为大小不等、形状各异的破裂体，为落石形成提供条件。岩层层面、断层面、错动面、节理面或软弱夹层临空面等构造面往往会成为落石形成的依附面。风化作用会降低岩体的强度，并使岩体裂缝扩张，裂缝的深度和密度扩张，形成危岩。

（4）降水。暴雨或久雨后，岩体的孔隙水压增强，增加危岩重量，危岩周围物质被冲刷侵蚀导致落石发生。Butler[109]研究发现美国蒙大拿州冰川国家公园东北部的大规模落石是由一场暴雨直接引起的。Chau 等[110]对 1984～1996 年中国香港地区的 368 起落石时间进行调查发现，降雨与落石发生直接相关，认为当日 150～200mm 降雨量直接诱发了落石。

（5）地震。地震力使得处于欠稳定状态和临界平衡态的危岩失稳，形成落石。而地震引发的落石具有一定初速度，其破坏力更强[109]。

（6）人为因素。山体切割、爆破、开挖等人类活动的增加，改变了地质环境，致使落石频发。如 2007 年，湖北巴东县本龙河段高阳寨隧道口发生岩崩，一辆长途客车被崩塌体砸毁并掩埋，造成 30 余人死亡。

4.2　落石冲击架设管道力学研究

虽然目前油气管道主要采用地埋敷设，但对于穿越沟壑、山涧等复杂地段，仍需架设地面管道或地表管道，而山体崩塌落石或是爆破等施工落石容易损伤管道，如图 4-2 所示。

关于地上油气管道受落石冲击作用的研究相对较少，笔者对落石冲击油气管道的过程进行数值模拟，考察落石影响管道动力响应特性的主要因素，为长输油气管线的安全防护、工程设计提供参考和理论依据。

图 4-2　现场中落石冲击管道

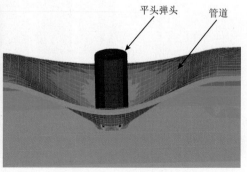

图 4-3　验证实例模拟结果

4.2.1　材料模型及失效准则

　　油气管道为弹塑性材料,冲击过程中受到应变硬化和应变率硬化的影响较大[111],而落石冲击管道过程中的应变率较高,因而选择材料本构关系时需要考虑该特点。目前,冲击问题中常用材料本构模型有 Cowper-Symonds 模型、Johnson-Cook 模型和 Zerilli-Armstrong 模型。其中,后两种模型不仅考虑了应变和应变率的作用,还包含了由于塑性扩展而产生的温度变化引起的材料软化。

　　根据落石冲击油气管道的速度范围,选择的管道本构模型多为 Cowper-Symonds 模型,它忽略了温度对材料性质的影响,适用于高应变率材料的冲击问题。该模型的动态屈服应力为[112]

$$\sigma_y = \left[1 + \left(\frac{\dot{\varepsilon}}{C}\right)^{\frac{1}{\xi}}\right]\left(\sigma_0 + \varsigma E_\xi \varepsilon^{\text{eff}}\right) \tag{4-1}$$

式中,　$\dot{\varepsilon}$——应变率;

　　　　σ_0——初始屈服应力;

　　　　ε^{eff}——等效塑性应变;

　　　　ς——硬化参数;

　　　　E_ξ——塑性硬化模量;

　　　　C、ξ——应变率系数。

　　塑性强化模量为

$$E_P = \frac{EE_{\text{tan}}}{E + E_{\text{tan}}} \tag{4-2}$$

式中,E、E_{tan}——分别为弹性模量和切线模量。

　　由于冲击碰撞具有高度非线性[113],采用破裂应变失效准则来定义失效破坏,即当管道单元塑性应变大于材料最大有效塑性应变时,即认为材料发生破裂失效。

4.2.2　模型验证及结果分析

　　文献[114]建立了平头弹体横向冲击直管的实验研究模型,通过系统测试获得了有价值的试验研究结果。本书首先建立与文献[114]中规格相同的管道和弹体的冲击模型,平头弹体长度为 30mm、直径为 15mm、质量 41g、受冲击管道壁厚为3.46mm、外径为 115mm。分析计算中,采用 Cowper-Symonds 材料模型和破裂应变失效准则。

　　由于弹体冲击接触面的网格密度对模拟计算结果影响较大,采用有限元模拟计算时，通过选择大小合适的网格密度与接触面，得到的模拟计算结果如图 4-3 所示。图中为管道的临界破裂状态，管道上受冲击处出现了大的凹陷，平头弹体与管壁的接触处出现了局部破裂，但并未完全与管道本体脱离。

计算求得临界破裂速度 v 为 186m/s，文献实验测试值为 181m/s，误差为 2.76%；模拟的临界破裂内能 E（$E=1/2mv^2$）为 709.2J，实验值为 671.6J，误差为 6%。可见，试验数据与数值模拟的结果吻合较好，验证了有限元模型的可靠性，说明采用所建立有限元模型及网格密度分析落石冲击管道问题是可行的。

4.2.3　落石冲击有限元模型

算例中球形落石与立方体体积相同，质量分布均匀，且为各向理想弹性体[115]。球体半径为 100mm；立方体为正六面体，边长为 160mm；落石的密度为 2700kg/m³、弹性模量为 55.8GPa、泊松比 0.25。

假设油气管道为理想弹塑性材料，管道外径 599mm、壁厚 10mm、弹性模量 210GPa、密度 7800kg/m³、泊松比 0.3，材料的极限破裂应变 0.74、屈服极限 443MPa、伸长率 0.37[113]。算例中设定管道内部流体压力为 5MPa，管道跨长为 2.6m。

4.2.4　径向冲击结果分析

1. 冲击变形分析

图 4-4 为落石径向冲击管道示意图。球形和立方体落石冲击后的管道变形如图 4-5 所示。受球形落石冲击后的凹陷底部为球形凹坑，而受立方体落石冲击后的底部为矩形坑，因而冲击坑的形状与落石外形有关；除冲击接触部位外，临近部位也发生了塑性变形，距离冲击部位越远塑性变形越小。落石冲击管道属于非线性问题，冲击坑变形与管道内压、冲击速度和落石密度等多种因素有关。

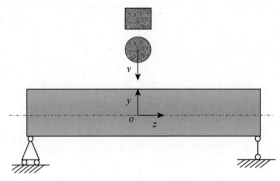

图 4-4　落石径向冲击管道示意图

　　图 4-6 为纵向面内的管道冲击坑形状曲线。由图可知，体积相同的球形和立方体落石冲击管道后，球形落石冲击坑的坑深明显大于立方体落石冲击坑深；但两种落石冲击坑邻近部位的变形相差较小，立方体落石冲击部位附近的塑性变形略大；从位移云图上可以看出，球体落石的冲击坑为椭圆形，立方体冲击坑底部为方形，但冲击坑外围也基本呈椭圆形。

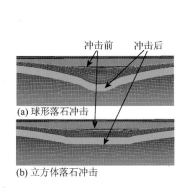

(a) 球形落石冲击

(b) 立方体落石冲击

图 4-5　冲击前后管道变形

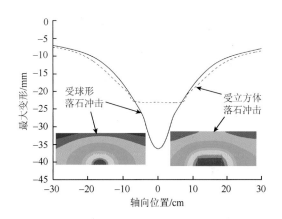

图 4-6　纵向面内的冲击坑形状

　　管道出现最大凹坑时，落石与管道的接触云图如图 4-7 所示，球形落石与管道的接触区域为椭圆环，而立方体落石与管道的接触区域为矩形环。这是由于管道与落石初始接触部位最先发生塑性变形，而临近部位仅发生弹性变形，最终形成了环形接触区。

　　考虑到立方体落石与球形落石不同，不同部位冲击管道造成的损伤也不同[116]，图 4-8 定义了立方体落石从不同角度冲击管道的示意图。当立方体落石的冲击表面不与管道轴向平行时，其与管道的初始接触将不是平面，以 0°、15°、30° 和 45° 为例进行分析。

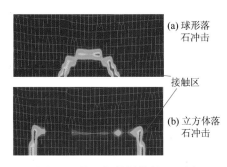

(a) 球形落石冲击

接触区

(b) 立方体落石冲击

图 4-7　落石与管道接触区云图

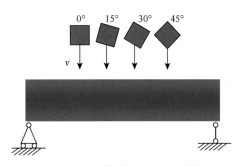

图 4-8　立方体落石从不同方向冲击管道示意图

落石不同部位冲击管道后的塑性云图如图 4-9 所示，除了立方体落石平面冲击管道外，其他工况下的管道塑性云图均为带状，并在管道上形成"V"形凹陷。当落石以 45°棱角冲击管道时，产生的塑性应变最大。显然，不规则落石冲击管道后对管道的损伤较为严重。

不同半径的球形落石冲击管道后的塑性云图如图 4-10 所示。管道的塑性变形区随着落石半径的增大而增大，但其最大塑性应变却逐渐降低。落石半径越大，管道产生的凹陷现象越严重。

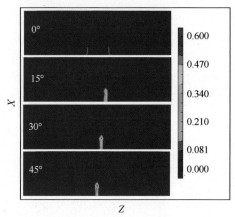

图 4-9　立方体落石不同部位冲击管道塑性云图

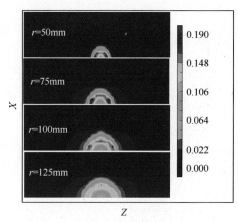

图 4-10　不同半径落石冲击管道塑性云图

2. 管道内压影响分析

内压对管道的冲击刚度影响较大[117]，两种落石冲击不同内压管道后的最大冲击坑深如图 4-11 所示。随着内压逐渐增大，最大冲击坑深逐渐减小；冲击坑深的变化率随内压增大而逐渐降低，呈非线性规律变化；内压为 15MPa 时，球形和立方体落石的最大冲击坑深分别为无内压时的 82%和 80.2%。因而，研究压力管道的冲击问题时需要考虑内压的影响。

3. 冲击速度影响分析

图 4-12 为不同冲击速度下管道的最大冲击坑深。随着冲击速度的增大，两种冲击坑深均逐渐增大，但增长过程呈非线性趋势；冲击速度越小，两种冲击坑深越接近，相同速度变化范围内，球形落石冲击后的坑深变化较立方体落石冲击大，说明球形落石冲击坑对冲击速度更为敏感。

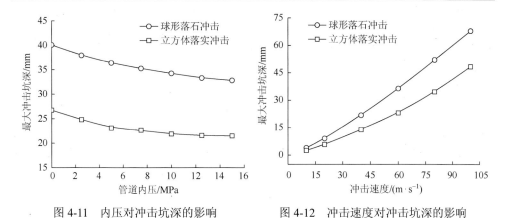

图 4-11　内压对冲击坑深的影响　　　图 4-12　冲击速度对冲击坑深的影响

4. 落石密度影响分析

不同岩石的密度范围不同，落石密度影响其质量，进而影响其冲量。当落石密度不同时，两种冲击坑深的变化曲线如图 4-13 所示。随着落石密度的增大，两种落石冲击坑深也逐渐增大，但并不严格呈线性规律；两种落石冲击坑随落石密度的变化率相差较小。

4.2.5　纵向倾斜冲击结果分析

岩石坠落后可能沿不同角度冲击管道，因而需要研究冲击角度对管道凹陷的影响。落石沿纵向倾斜方向冲击管道示意图如图 4-14 所示。

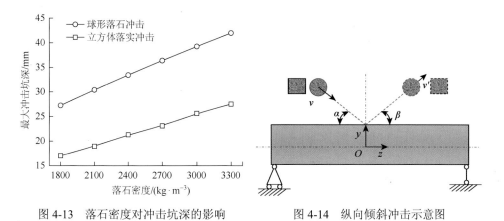

图 4-13　落石密度对冲击坑深的影响　　　图 4-14　纵向倾斜冲击示意图

假定落石的入射角为 α，入射速度为 v，反射角为 β，反射速度为 v'，取 $v=60\text{m/s}$ 进行分析，得到两种落石以不同角度冲击后的管道塑性应变如图 4-15 所示。

图 4-15（a）中，球形落石的冲击角度小于 90°时，冲击坑中的大塑性应变区域逐渐偏向一侧，且入射角 α 越小，这种不均匀性越明显；当 α=90°（即前文中的径向冲击）时，冲击坑关于 z 轴呈对称分布；当 α 从 0°变到 90°时，冲击坑的最大塑性应变先增大后减小，其中 α=45°时塑性应变达到最大值。

图 4-15（b）中，由于立方体棱边的存在，当 α 较小时，立方体落石只有一个棱边与管道接触，随着 α 逐渐增大，第二条棱边也逐渐与管道发生接触；当 α 为 15° 和 30°时，管道出现破裂，且冲击角度越小破裂范围越大；落石棱边与管道接触处的塑性应变最大。

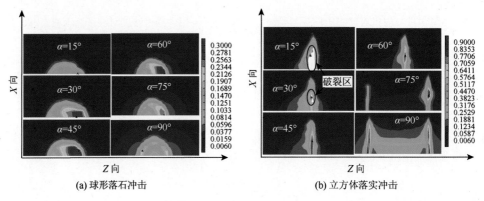

(a) 球形落石冲击　　　　　　　　(b) 立方体落实冲击

图 4-15　管道塑性应变云图

管道在不同冲击角度下的纵向面内变形如图 4-16 所示。图 4-16（a）中，入射角 α 越小，冲击坑两边的变形越不均匀；总体上看，α 越小管道冲击坑越小，随着 α 的增大，最大冲击坑深逐渐增大，但增长率逐渐降低。图 4-16（b）中，当 $\alpha \leqslant 90°$ 时，立方体落石的冲击坑为三角形冲击坑；当 α=15°时，管线变形曲线出现了突变，

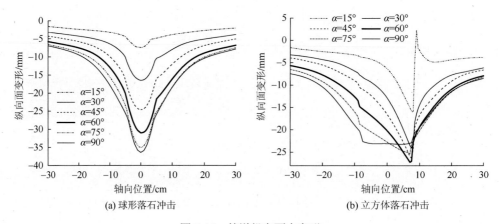

(a) 球形落石冲击　　　　　　　　(b) 立方体落石冲击

图 4-16　管道纵向面内变形

说明此处发生了破裂；当 α=30°时，纵向面内的变形曲线没有发生突变，说明冲击坑中心没有出现破裂，但由图 4-15（b）可知，此种工况下的管道破裂出现在立方体尖角与管道的接触处。

4.2.6　横向倾斜冲击结果分析

落石横向倾斜冲击管道的示意图如图 4-17 所示。由于立方体落石不是轴对称结构，因而仅考虑落石下表面中心与管道接触工况，仍取 v=60m/s 进行分析。

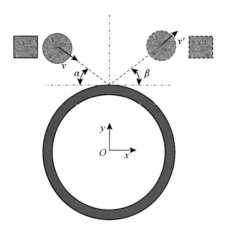

图 4-17　横向倾斜冲击示意图

图 4-18 为管道在不同冲击角度下的塑性应变云图。图 4-18（a）中可以看出，冲击角度使得冲击坑的塑性应变分布极不均匀；当 α=90°时，可以看到明显的椭圆

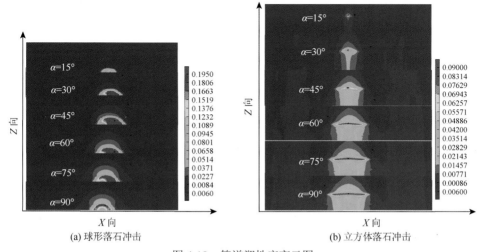

(a) 球形落石冲击　　　　　　　(b) 立方体落石冲击

图 4-18　管道塑性应变云图

环，最大塑性应变区并不是在凹坑的最中心位置，而是随着入射角的逐渐增大，大塑性应变区域先增大后减小，当 $\alpha=45°$ 时，塑性应变达到最大值。图 4-18（b）中，随着入射角的逐渐增大，整个塑性变形区逐渐增大，大塑性应变区也逐渐增大，主要出现在立方体棱边与管道接触处。

图 4-19 为不同冲击角度下管道横截面变形曲线。无论何种工况，沿圆周方向 60°～120° 内管壁均呈现内凹变形；而 0°～60° 及 120°～180° 范围内，管道均呈现外凸变形；随着冲击角度的增大，冲击坑深逐渐增大，但变化率逐渐降低。图 4-19（a）中，管道变形沿 90° 位置成不对称分布；而图 4-19（b）中，立方体落石冲击管道可看作是平面与管道碰撞接触问题，因而管道变形沿 90° 位置成对称分布。

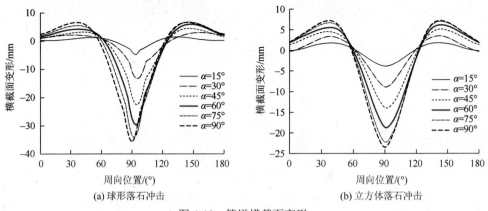

(a) 球形落石冲击　　　　　　　　　　(b) 立方体落石冲击

图 4-19　管道横截面变形

4.2.7　侧向偏心冲击结果分析

图 4-20 为落石从不同侧向冲击管道的示意图。为了定量描述，定义偏心度 $k'=x'/r$，其中 x' 为落石中心与管道中心沿 x 方向的距离，r 为管道外半径。

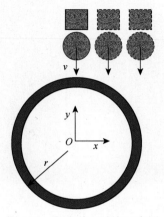

图 4-20　侧向偏心冲击示意图

落石沿不同偏心度冲击管道后的塑性应变云图如图 4-21 所示。图 4-21（a）中，随着偏心度 k' 的增加，管道的塑性变形区域逐渐减小，大塑性应变区逐渐向远离管道一侧偏移，同时塑性应变区也随着 k' 的增大而逐渐偏离 90° 中心位置。图 4-21（b）中，管道的塑性变形区域也随 k' 的增大而逐渐减小，同时偏离中心位置，大塑性变形区域主要发生在立方体尖角与管道接触区。

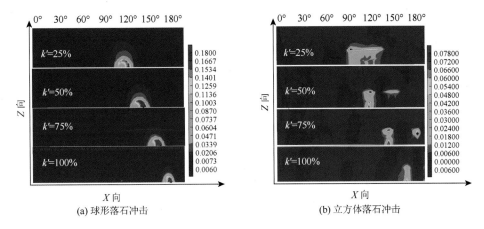

图 4-21　管道塑性应变云图

不同偏心度冲击下管道横截面的变形曲线如图 4-22 所示。随着 k' 的增大，冲击坑深逐渐降低，且球形落石冲击坑的变化率较大，而立方体落石坑深的变化率较小；远离冲击坑部位的外凸变形也随着 k 的增大而逐渐降低；图 4-22（b）中立方体落石的冲击坑底部逐渐尖锐。

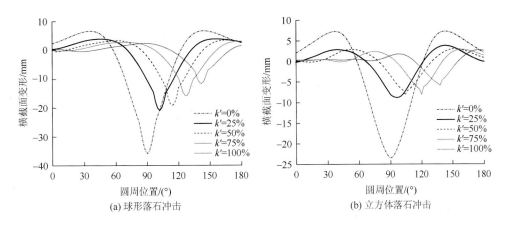

图 4-22　管道横截面变形

4.3　埋地管道所受落石冲击力研究

4.3.1　落石对地面的冲击力

当落石以一定速度冲击埋地管道上部的土体时，落石会贯穿土层一定深度，由于土体的作用，落石速度会迅速降低为零，但落石冲击硬地层时可能发生反弹。由于落石与土体的冲击接触时间很短，落石对埋地管道会形成很大的冲击力，且该冲击力是一个单脉冲。

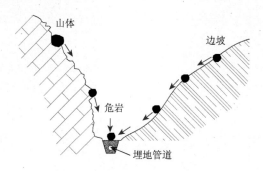

图 4-23　落石冲击管道示意图

目前，关于落石对埋地管道冲击力的研究较少，常用的分析模型如图 4-23 所示。落石冲击力的计算主要来源于铁路部门相关资料，较为常用的落石对地表冲击力的计算方法有路基工程手册法、隧道手册法、Labiouse 法、Kawahara 法、杨其新法等。

1. 路基手册法

根据《铁路工务技术手册——路基》[118]，落石冲击力为

$$F = 2\gamma Z[2\tan^4\left(45° + \frac{\varphi}{2}\right) - 1]A \tag{4-3}$$

$$Z = v_0\sqrt{\frac{Q}{2g\gamma F}} \times \sqrt{\frac{1}{2\tan^4\left(45° + \frac{\varphi}{2}\right) - 1}} \tag{4-4}$$

$$v_0 = \mu\sqrt{2gH} \tag{4-5}$$

式中，Z——落石陷入土层深度，m；

v_0——落石接触土层时的冲击速度，m/s；

γ——土层重度，kN/m³；

g——重力加速度，m/s^2；

φ——土层内摩擦角，（°）；

A——落石假定为球体得到的等效球体截面积，m^2；

H——落石坠落高度，m；

μ——系数，$\mu = \sqrt{1 - \tau \cot \alpha}$；

α——崩塌落石的边坡角度，（°）；

τ——落石沿边坡滚动时的阻力系数。

2. 隧道手册法

根据《铁路工程技术手册——隧道》[119]，落石冲击力为

$$F = \frac{Q v_0}{g t} \tag{4-6}$$

$$t = \frac{2h}{c} \tag{4-7}$$

$$c = \sqrt{\frac{1-\upsilon}{(1+\upsilon)(1+2\upsilon)} \cdot \frac{E}{\rho}} \tag{4-8}$$

式中，t——冲击持续时间，s；

h——缓冲层厚度，m；

c——压缩波在土层中往复速度，m/s；

υ——土体泊松比；

E——土体弹性模量，kPa；

ρ——土体密度，kg/m^3。

3. Labiouse 法

Labiouse 等[120]通过现场试验，得到落石冲击力计算经验方法：

$$F = 1.765 M_E^{2/5} R_E^{1/5} (QH)^{3/5} \tag{4-9}$$

式中，M_E——土层变形模量，kPa；

R——落石半径，m。

4. Kawahara 法

Kawahara 等[121]在落石冲击力实验基础上，结合 Hertz 弹性碰撞理论，得到落石冲击力：

$$F = 2.108 (mg)^{2/3} \lambda^{2/5} H^{3/5} \tag{4-10}$$

式中，m——落石质量，t；

　　　　λ——拉梅常数，建议取 1000kN/m^2。

　　5. 杨其新法

　　杨其新等[122]通过试验，得到落石对不同厚度土层冲击力的变化规律，提出冲击计算公式：

$$F = \zeta m a_{\max} \tag{4-11}$$

$$a = \frac{\sqrt{2gH}}{t} \tag{4-12}$$

$$t = \frac{1}{100}\left[0.097mg + 2.21h + \frac{0.045}{H} + 1.2\right] \tag{4-13}$$

式中，ζ——与土层材料密度有关的系数，取为 1；

　　　　$a_{\max}$——冲击过程中最大加速度，m/s^2。

4.3.2　埋地管道所受冲击力模型

　　假设立方体落石自由下落高度为 H，立方体边长为 l，球形落石半径为 R，其与管道上覆土发生碰撞后的贯穿深度为 h_0，落石接触地面时的速度为 v_0。则发生碰撞前的落石能量为

$$E_0 = 1/2 m v_0^2 = mgH \tag{4-14}$$

　　落石冲击过程中，当其速度将为 0 时，会出现反弹，由于上覆土体的弹塑性，其反弹速度较小。假设落石碰撞过程中无其他形式能量的转化，落石的冲击能全部被用于土层对落石的反弹做功，则该值为

$$W_0 = E_0 + mgh_0 \tag{4-15}$$

　　落石在冲击土层过程中可视为刚体，由于该过程中落石的冲击力是个单脉冲，而后呈现出幅度较小的波动，并逐渐降低为 0，由此可将落石的冲击模型简化为图 4-24。

　　土层对落石反力随贯穿深度而变化，则有[123]

$$W_0 = \int_0^{h_0} F \cdot \mathrm{d}h = \int_0^{h_0} f(h) \cdot \mathrm{d}h \tag{4-16}$$

　　假定落石在碰撞过程中不发生解体，忽略落石贯穿段带来的能量变化，仅考虑落石一次冲击带来的影响。则，常用的极限承载理论可用于计算落石贯入管道上覆土时土层的反力；极限承载力表述为[124]

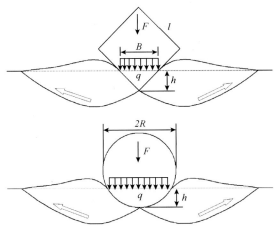

图 4-24　落石冲击简化模型

$$F_u = 0.5\gamma B N_r + 1.2 c N_c + \gamma h N_q \qquad (4\text{-}17)$$

式中，c——土的黏聚力；

　　　γ——土的重度；

　　　N_c、N_q、N_γ——地基承载系数。

$$N_q = e^{\pi \tan\varphi} \tan^2(45° + \varphi/2) \qquad (4\text{-}18)$$

$$N_c = (N_q - 1)\cot\varphi \qquad (4\text{-}19)$$

$$N_\gamma = 1.8(N_q - 1)\tan\varphi \qquad (4\text{-}20)$$

式中，φ——土的内摩擦角。

　　计算落石贯入过程中的反力时，落石与地层接触瞬间地基埋深可视为零，若土体黏聚力为零，则极限承载力可简化为

$$F_u = 0.5\gamma B N_r \qquad (4\text{-}21)$$

1. 立方体落石最大冲击力

　　由图 4-24 可知，立方体落石下方土体反力为

$$F_l = S_l F_u = 2\sqrt{2}\, l\gamma h^2 N_\gamma \qquad (4\text{-}22)$$

土体反力总做功为

$$W_0 = \int_0^{h_0} F \mathrm{d}h = 2\sqrt{2}/3\, l\gamma N_\gamma h_0^3 \qquad (4\text{-}23)$$

$$mg(H + h_0) = 2\sqrt{2}/3\, l\gamma N_\gamma h_0^3 \qquad (4\text{-}24)$$

　　当落石的贯入深度远小于落石的下落高度时，贯入深度引起的重力势能远小于落石动能，可以不予考虑，则落石最大贯入深度为

$$h_0 = \left(\frac{3mgH}{2\sqrt{2}l\gamma N_y} \right)^{\frac{1}{3}} \tag{4-25}$$

可得立方体落石下方土体反力为

$$F_l = 3.2377 \left(l\gamma N_y \right)^{1/3} \left(mgH \right)^{2/3} \tag{4-26}$$

由于求得的冲击力为落石冲击过程中的平均冲击力,而实际中的冲击力为单脉冲型,因而最大冲击力更值得关注,文中采用放大系数获取最大冲击力。叶四桥等[125]对比后发现,最大冲击力和平均冲击力的比值为 2~5。

通过与仿真结果对比,确定放大系数为 3.17,则最大冲击力可以表述为

$$F_{lm} = 10.257 \left(l\gamma N_\gamma \right)^{1/3} \left(mgH \right)^{2/3} \tag{4-27}$$

通过扩散角法求埋地管道承受的附加载荷时,依据柯勒规范,取扩散角 $\beta=55°$,则埋地管道承受的最大立方体落石冲击力为

$$F_{l\max} = \frac{10.257 \left(l\gamma N_\gamma \right)^{1/3} \left(mgH \right)^{2/3}}{l + h^2 \tan\beta} \tag{4-28}$$

2. 球形落石最大冲击力

球形落石下方土体反力为

$$F_R = S_R F_u = 2\pi R\gamma h^2 N_\gamma \tag{4-29}$$

土体反力总做功为

$$W_0 = \int_0^{h_0} F\mathrm{d}h = 2/3\pi R\gamma N_\gamma h_0^3 \tag{4-30}$$

$$mg(H + h_0) = 2/3\pi R\gamma N_\gamma h_0^3 \tag{4-31}$$

当落石的贯入深度远小于落石的下落高度时,贯入深度引起的重力势能远小于落石动能,可以不予考虑,则落石最大贯入深度为

$$h_0 = \left(\frac{3mgH}{2\pi R\gamma N_y} \right)^{1/3} \tag{4-32}$$

可得球形落石下方土体反力为

$$F_R = 2.6207 \left(\pi R\gamma N_\gamma \right)^{1/3} \left(mgH \right)^{2/3} \tag{4-33}$$

通过与仿真结果对比,确定放大系数为 1,最大冲击力为

$$F_{Rm} = 2.6207 \left(\pi R\gamma N_\gamma \right)^{1/3} \left(mgH \right)^{2/3} \tag{4-34}$$

通过扩散角法求埋地管道承受的附加载荷时,依据柯勒规范,取扩散角 $\beta=55°$,则埋地管道承受的最大球形落石冲击力为

$$F_{R\max} = \frac{2.6207\left(\pi R\gamma N_\gamma\right)^{1/3}\left(mgH\right)^{2/3}}{R + h^2\tan\beta} \tag{4-35}$$

4.3.3　对比分析

为验证所建立的落石冲击力学模型的可靠性，将其与现有计算方法进行对比。采用现有五种方法与本书简化方法进行计算的对比分析结果如图 4-25、图 4-26 所示。

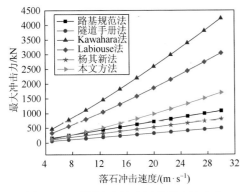

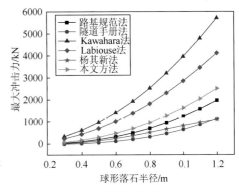

图 4-25　不同冲击速度下的最大冲击力　　　图 4-26　不同落石半径下的最大冲击力

算例中假定落石为球形。相关计算参数为：落石容重为 20.9kN/m³，土层重度为 18.4kN/m³、内摩擦角为 15°、弹性模量为 20MPa、变形模量为 1445kPa、拉梅常数为 1000kN/m²、泊松比为 0.3。

由图 4-25 和图 4-26 可知，虽然各种计算方法的计算结果差异较大，但是各种方法计算结果的变化规律是类似的。采用日本的 Kawahara 方法和瑞士的 Labiouse 方法计算的球形落石最大冲击力最大，采用隧道手册方法计算的落石冲击力最小，采用杨其新方法和路基规范方法的计算结果较为接近。本书提出的计算方法介于 Labiouse 方法和路基规范方法之间。

叶四桥等认为隧道手册方法、杨其新方法和路基规范方法的计算结果偏小，而日本的 Kawahara 方法和瑞士的 Labiouse 方法是基于落石最大冲击力实验建立的，相对其他方法较为接近实际情况，可见本书方法的计算结果小于日本和瑞士方法计算结果，大于国内普遍采用的方法，证实其具有一定的合理性。

为研究埋地管道承受的最大冲击力，进一步建立相应的落石冲击数值计算模型，并将计算结果与本书提出理论方法进行对比分析。取管道外径为 810mm、管道壁厚为 8mm、落石冲击速度为 20m/s、球形落石半径为 0.8m、立方体落石边长为 1.4m。

球形落石冲击作用下的管道最大冲击力如图 4-27 所示。不同球形落石半径、管道埋深和冲击速度下的数值仿真结果与理论计算结果均吻合较好，说明所建立的球形落石冲击作用下管道最大冲击力的计算模型较为可靠，可进行工程实际的预测。

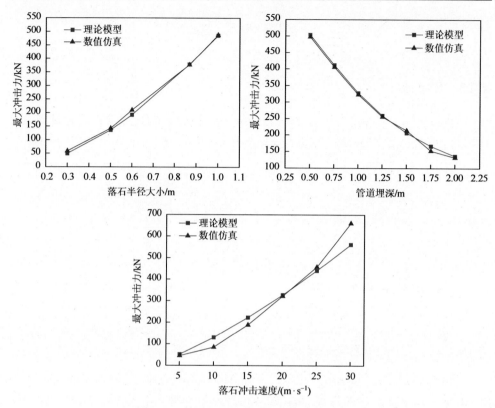

图 4-27　管道承受球形落石最大冲击力对比

图 4-28 所示为立方体落石冲击作用下的管道最大冲击力对比分析,可知数值仿真结果与理论模型计算结果也吻合较好,进一步验证了立方体落石冲击力学模型较为可靠。

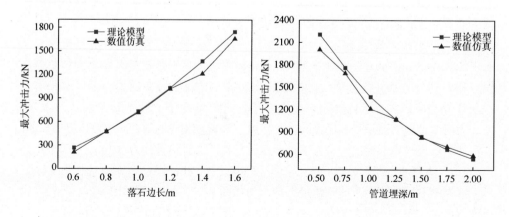

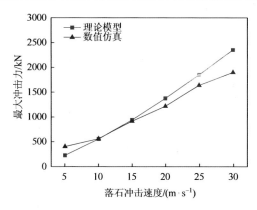

图 4-28　管道承受立方体落石最大冲击力对比

4.3.4　模型参数分析

为研究所建立的力学模型中各参数对落石冲击力大小的影响，建立上文所述算例模型，由于球形和立方体落石冲击模型的各变量变化规律相同，现以球形落石为例进行讨论。

图 4-29 所示为不同落石冲击速度下的管道承受最大冲击力的变化曲线。表明冲击速度越大、落石的体积越大，埋地管道承受的冲击力就越大；冲击力随着落石速度和落石体积的增大而增大。

落石冲击速度为 20m/s，不同埋深管道所受最大冲击力如图 4-30 所示。可见，管道埋深越深，其承受的冲击力越小，且变化率随着埋深的增大而减小。

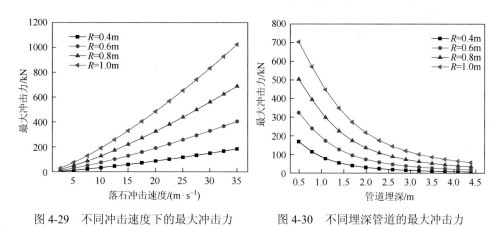

图 4-29　不同冲击速度下的最大冲击力　　　图 4-30　不同埋深管道的最大冲击力

图 4-31 所示为不同土壤重度地层中的管道所受最大冲击力变化曲线。表明地层土体重度越大，管道所受冲击力越大，但其变化率较小。

图 4-32 所示为不同内摩擦角土层中管道所受最大冲击力，最大冲击力随着土体内摩擦角的增大而增大，且变化率随着落石体积的增大而增大。

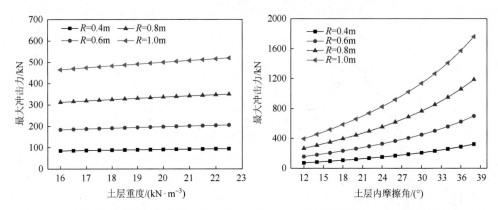

图 4-31　不同重度土层中管道最大冲击力　　图 4-32　不同内摩擦角土层中管道最大冲击力

4.4　球形落石冲击软土区埋地管道力学研究

4.4.1　数值计算模型

假定落石形状为球体，建立球体落石冲击埋地管道的计算模型，如图 4-33 所示。

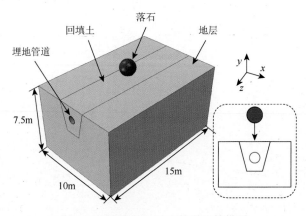

图 4-33　球形落石冲击管道计算模型

计算模型中，管道直径为 813mm、壁厚为 8mm，落石半径为 0.865m，回填土厚度为 1m。为消除边界效应的影响，建立整个土体模型大小为 10m×7.5m×15m。管材为 X65，地层与回填土材料相同，黏聚力为 15kPa、摩擦角为 15°、泊松比为

0.3、弹性模量为 20MPa、密度为 1840kg/m³。落石材料为石灰石，黏聚力为 3.72MPa、摩擦角为 42°、泊松比为 0.29、弹性模量为 28.5MPa、密度为 2090kg/m³[126]。设置管道与围土之间的摩擦因数为 0.5。

4.4.2 管道屈曲过程分析

当落石冲击速度为 25m/s 时，会在无压管道表面形成一个凹陷，凹陷的产生过程如图 4-34 所示。落石冲击作用下管道变形是一个动态过程，管道中部横截面形状由圆形变为椭圆，再变为桃形，最后变为新月形。整个凹陷变化过程可分为三个阶段：

第一阶段为 0～0.009s，该阶段管道没有发生屈曲；

第二阶段为 0.009～0.129s，0.129s 时刻管道凹陷深度达到最大值；

第三阶段为 0.129～0.21s，由于管道弹性变形恢复作用使得凹陷深度降低。

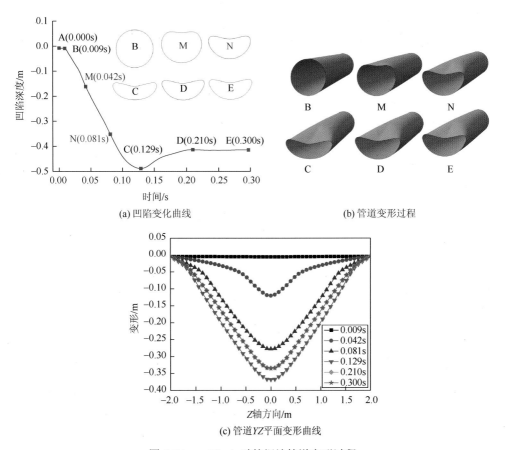

(a) 凹陷变化曲线   (b) 管道变形过程

(c) 管道YZ平面变形曲线

图 4-34 v=25m/s 时的埋地管道变形过程

可见，在各个阶段，管道的屈曲均只发生在管道的上半部分，而管道的下半部分则未出现屈曲现象，但管道下半部分截面的曲率半径却有所增大。

图 4-35 所示为不同冲击时刻管道的应力和应变分布。在 0.009s 以前，管道的 Von Mises 应力非常小，没有出现塑性应变和屈曲现象；0.042s 时刻，最大应力出现在管道顶部；随着凹陷深度的增加，凹陷底部的应力逐渐减小，而凹陷外沿的应力则逐渐增大；随着冲击时间的变化，管道高应力区先增大后减小，而管道等效塑性应变则逐渐增大；最大塑性应变出现在凹陷管道的两个侧边，而管道底部的塑性应变则非常小。

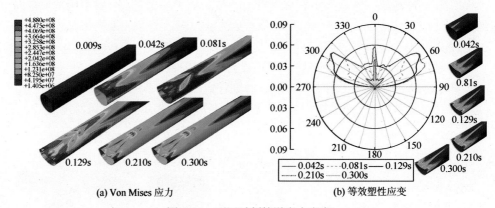

(a) Von Mises 应力　　　　　　　　　　(b) 等效塑性应变

图 4-35　不同时刻管道应力应变

4.4.3　管道参数影响研究

1. 管道内压影响分析

图 4-36 所示为不同内压作用下埋地管道截面变形。压力管道的凹陷深度随着内压的增大而降低，且其变化率也逐渐降低，这是由于内压提高了管道的抗变形刚度。在落石冲击作用下，无压管道更容易发生失效，且其屈曲模式比压力管道更严重。

图 4-37 所示为不同内压作用下埋地管道应力应变分布。随着内压的增大，管道两端的整体应力逐渐增大，但是管道的最大应力逐渐减小；高应力区出现在落石冲击部位下管道的上半部分，管道塑性变形区域随着内压的增大而增大。当内压小于 2MPa 时，凹陷的两外沿边和管道底部出现了较大的塑性应变；当内压大于 2MPa 时，最大等效塑性应变则出现在管道的顶部。

2. 管道壁厚影响分析

管道壁厚影响其刚度，当落石冲击速度为 25m/s，不同壁厚管道在纵横两截面的变形如图 4-38 所示。随着管道壁厚的降低，管道的屈曲现象更为严重，管道下半部分的曲率半径逐渐增大。同时，凹陷深度、长度及其变化率也逐渐增大。因而，薄壁管道在落石冲击作用下更容易发生失效。

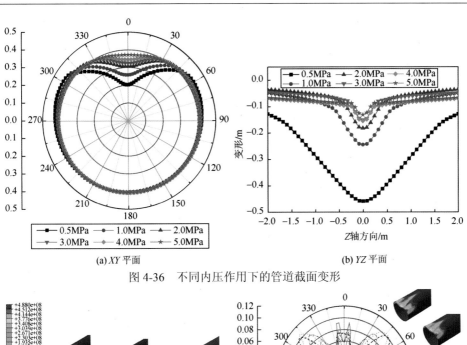

(a) XY 平面　　　　　　　　　　　　(b) YZ 平面

图 4-36　不同内压作用下的管道截面变形

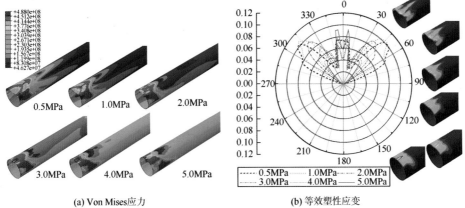

(a) Von Mises应力　　　　　　　　　　　(b) 等效塑性应变

图 4-37　不同内压作用下管道应力应变分布

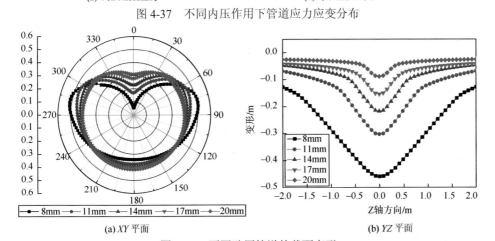

(a) XY 平面　　　　　　　　　　　　(b) YZ 平面

图 4-38　不同壁厚管道的截面变形

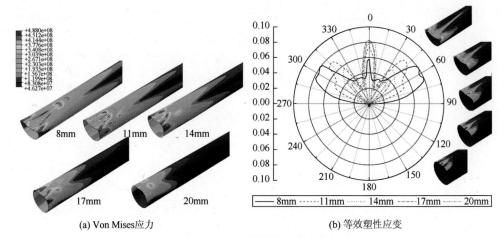

(a) Von Mises应力　　　　　　　　　　　　　(b) 等效塑性应变

图 4-39　不同壁厚管道的应力应变分布

图 4-39 所示为不同壁厚埋地管道在落石冲击作用下的应力应变分布。高应力区和最大应力均随着管道壁厚的增加而降低。当壁厚为 20mm 时，埋地管道下半部分应力非常小，高应力主要出现在落石冲击部位下管道的上半部分。管道塑性应变呈"山"字形分布，凹陷外沿边的塑性应变随着壁厚的增大而减小，而凹陷底部的塑性应变则随着壁厚的增大而增大。当壁厚小于 11mm 时，最大等效塑性应变出现在凹陷的两外沿边，而当壁厚大于 11mm 时，最大等效塑性应变则出现在凹陷的底部。

3. 管道直径影响分析

当落石冲击速度为 25m/s，管道壁厚为 8mm 时，管道最大凹陷深度随直径变化曲线如图 4-40 所示。管道凹陷深度随着管道直径的增大而增大，但是其变化率则逐渐降低，这是由于管径的变化改变了管道刚度所致。

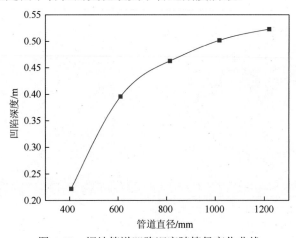

图 4-40　埋地管道凹陷深度随管径变化曲线

图 4-41 所示为不同外径管道在落石冲击后的应力应变分布。管道高应力区域随着管径的增大而增大，当管道外径为 406mm 时，管道横截面呈桃形，且高应力区轴向长度较短，管道下半部分的应力随着外径的增大而增大。当管道外径大于610mm 时，管道最大塑性应变集中在凹陷的两个外沿边，且其随着管径的增大而呈现出先增大后减小的变化趋势，但管道塑性区域随着外径的增大而增大。这是由于大管径管道与回填土的接触面积较大，吸收了更多的冲击能。

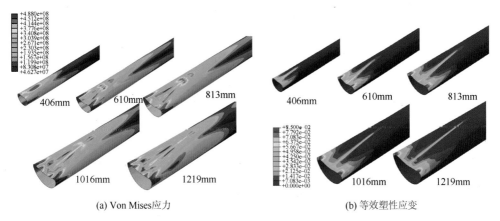

(a) Von Mises应力　　　　　　　　　　　(b) 等效塑性应变

图 4-41　不同直径管道应力应变分布

4. 管道埋深影响分析

回填土是管道与落石之间的中介，起着传递冲击能的作用，因而回填土厚度对管道屈曲行为有着重要影响。当落石冲击速度为 25m/s 时，不同埋深管道的截面变形曲线如图 4-42 所示。当管道埋深（回填土厚度）大于 1.75m 时，管道变形

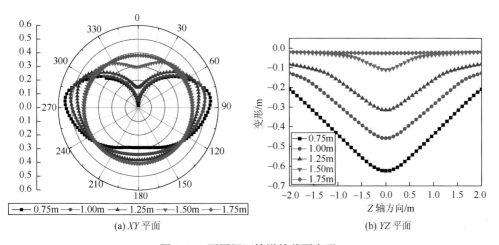

(a) XY 平面　　　　　　　　　　　(b) YZ 平面

图 4-42　不同埋深管道的截面变形

非常小，其横截面为椭圆形。当管道埋深小于 1.75m 时，管道变形较大并出现了屈曲现象。管道凹陷深度和长度随着埋深的增大而减小，因而危险地质区域管道的埋深较浅时较易发生失效。

图 4-43 所示为不同埋深下的管道应力应变分布。当管道埋深大于 1.75m 时，应力呈椭圆形分布，且管道下半部分应力较小。随着埋深的减小，高应力区沿轴向方向逐渐增加，且管道下半部分应力逐渐增大，但管道最大应力并未出现在凹陷底部。当埋深大于 1.75m 时，管道塑性应变为 0；当埋深为 1.5～1.75m 时，最大塑性应变位于凹陷底部；当埋深小于 1.5m 时，最大塑性应变出现在凹陷的外沿边，且塑性区和管道下半部分的最大塑性应变随着埋深的减小而逐渐增大。

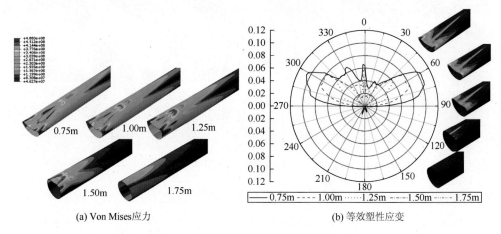

(a) Von Mises应力　　　　　　　　　　　　　(b) 等效塑性应变

图 4-43　不同埋深管道的应力应变分布

4.4.4　落石参数影响研究

1. 冲击速度影响分析

图 4-44 所示为不同落石冲击速度下管道截面变形曲线。当冲击速度小于 15m/s 时，埋地管道截面为椭圆形；但随着冲击速度的增大，管壁上出现了船形凹陷，且凹陷深度和长度逐渐增大。因而，落石从较高位置下落后对埋地管道的损伤非常大。管道横截面出现变形后，非常不利于清管作业，且降低了管道的抗变形能力。

图 4-45 所示为落石冲击速度分别为 15m/s 和 25m/s 时的管道承受冲击力变化曲线。由于回填土的缓冲作用，当落石贯入回填土一定深度后，管道承受的冲击力才达到最大值。当落石冲击速度为 15m/s 时，管道并未发生屈曲，其截面仍为椭圆形，该工况下管道承受的冲击力在达到最大值后迅速降低，并呈波动式衰减，0.2s 以后冲击力基本衰减为 0。当落石冲击速度为 25m/s 时，管道截面出现了凹陷，

管道承受的冲击力由 515kN 迅速衰减为 68kN，然后又出现了一次较大的增大，而后逐渐衰减。因而，不同初始冲击导致的管道变形不同，而管道的变形又导致了冲击力的不同变化规律。

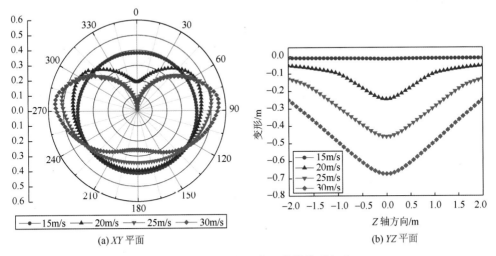

(a) XY 平面　　　　　　　　　　　　　　(b) YZ 平面

图 4-44　不同冲击速度下管道截面变形

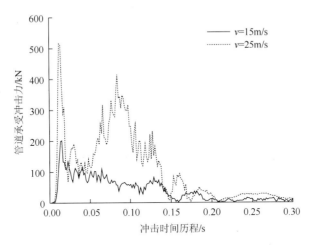

图 4-45　不同冲击速度下管道承受冲击力曲线

不同落石冲击速度下的管道应力应变分布如图 4-46 所示。当冲击速度为 15m/s 时，最大应力出现在管道顶部，高应力区呈椭圆形，且管道未出现塑性变形。当冲击速度为 20m/s 时，管道出现局部屈曲，高应力区围绕凹陷呈环形分布。随着冲击速度的增加，管道塑性应变只发生在管道上半部分，而管道下半部分的塑性应变变化较小。当冲击速度小于 15m/s 时，管道未出现塑性变形。

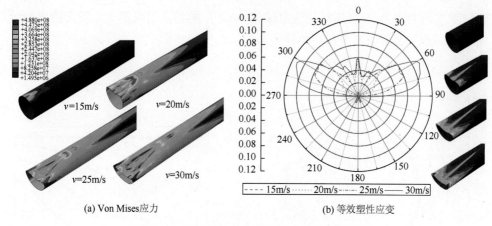

(a) Von Mises应力　　　　　　　　　(b) 等效塑性应变

图 4-46　不同冲击速度下管道应力应变分布

2. 落石半径影响分析

落石体积不同，对管道的冲击力不同，引起的管道响应也不同。当落石冲击速度为25m/s时，不同体积落石冲击下埋地管道截面变形如图4-47所示。随着落石半径的增大，管道横截面形状由椭圆形变为桃形，最后变为葫芦形。冲击凹陷深度和宽度随落石半径的增大而增大，表明管道的屈曲现象也越来越严重。

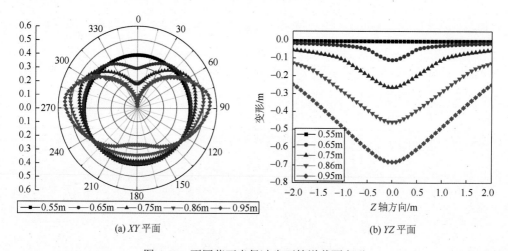

(a) XY 平面　　　　　　　　　　　　(b) YZ 平面

图 4-47　不同落石半径冲击下管道截面变形

不同落石半径下管道的应力应变分布如图4-48所示。当落石半径为0.55m时，最大 Von Mises 应力非常小，但随着落石半径的增大，管道应力逐渐增大。同时，高应力区面积和管道下半部分的应力也逐渐增大。当落石半径小于0.55m时，管道没有出现塑性变形；当落石半径大于0.75m时，最大塑性应变集中在凹陷的边沿；当落石半径小于 0.75m 时，管道下半部分不会出现塑性变形。整个管道的最大等效塑性应变和塑性变形区域随着落石半径的增大而增大。

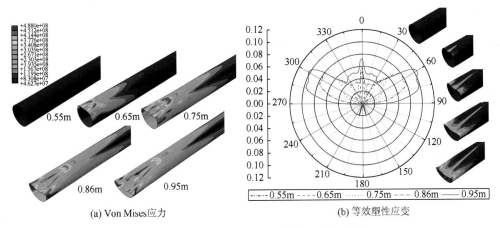

(a) Von Mises应力　　　　　　　　　　(b) 等效塑性应变

图 4-48　不同落石半径冲击下管道应力应变分布

4.4.5　落石倾斜冲击研究

1. 落石偏心冲击影响分析

在工程实际中，落石的偏心冲击更为常见，定义偏心距离为管道和落石的水平中心距，如图 4-49 所示。当冲击速度为 25m/s 时，不同偏心距离的落石冲击作用下埋地管道截面变形如图 4-50所示。对心冲击工况下的管道屈曲行为最为严重，冲击凹陷深度和长度随着偏心距离的增大而减小。落石偏心冲击作用下，当偏心距离为 1.2m 时，埋地管道横截面变为椭圆形，管道凹陷偏向了冲击方向一侧；偏心距离越大，管道越不容易发生失效。因而，可通过外部措施改变落石的冲击位置，避免落石对心冲击，从而减小落石的冲击破坏力。

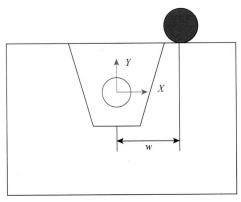

图 4-49　落石偏心冲击示意图

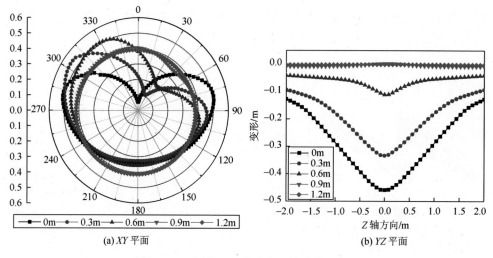

(a) XY 平面　　　　　　　　　　　　(b) YZ 平面

图 4-50　不同偏心距离冲击下管道截面变形

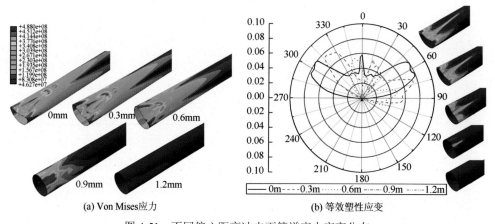

(a) Von Mises应力　　　　　　　　(b) 等效塑性应变

图 4-51　不同偏心距离冲击下管道应力应变分布

图 4-51 所示为不同偏心距离冲击作用下管道的应力应变分布。高应力区随着偏心距离的增大而减小。当偏心距离小于 0.6m 时，最大应力较为接近，只是应力分布沿顺时针方向发生了旋转；当偏心距离为 1.2m 时，最大应力和高应力区域非常小，且管道没有发生塑性变形。落石偏心冲击作用下的管道塑性应变分布不均匀，塑性变形区随着偏心距离的增大而减小。

2. 落石横向倾斜冲击影响分析

落石的倾斜冲击比垂直冲击更为常见，假定落石的入射角为 α，反射角为 β，入射速度为 v，反射速度为 v'，则落石横向倾斜冲击如图 4-52 所示。当落石冲击速度为 25m/s 时，不同横向倾斜冲击角度下落石冲击后的管道变形如图 4-53 所示。

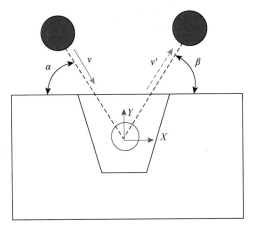

图 4-52 横向倾斜冲击示意图

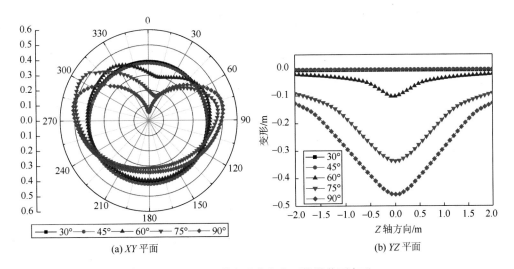

(a) XY 平面 (b) YZ 平面

图 4-53 不同横向冲击角度下管道截面变形

当 $\alpha \leqslant 45°$ 时，管道截面形状呈椭圆形；当 $\alpha > 45°$ 时，管道上出现了冲击坑，冲击坑的深度和宽度随着落石入射角的增大而增大；落石垂直冲击时，管道的屈曲现象最为严重。虽然假设落石的冲击速度方向正对着管道的中心线，但是回填土改变了落石的反射方向。因而，倾斜冲击工况下的管道凹陷呈偏斜状态。

图 4-54 所示为不同横向倾斜冲击角度下的管道应力应变分布。当 $\alpha \leqslant 30°$ 时，管道的应力和塑性应变均为 0，说明落石的冲击力并未传递到埋地管道上；当 $\alpha = 45°$ 时，管顶出现了椭圆形应力分布，但并未超过屈服极限；高应力区和塑性变形区域随着落石入射角的增大而增大；当 $\alpha < 90°$ 时，管道的应力和塑性应变分布呈倾斜状分布。因而，落石横向倾斜冲击破坏力小于垂向冲击。

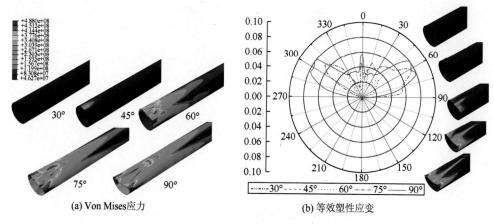

(a) Von Mises应力　　　　　　　　　　(b) 等效塑性应变

图 4-54　不同横向冲击角度下管道应力应变分布

3. 落石纵向倾斜冲击影响分析

图 4-55 所示为落石纵向倾斜冲击埋地管道示意图。当落石冲击速度为 25m/s时，落石沿不同纵向倾斜角度冲击下的管道变形如图 4-56 所示。当 $\alpha \leqslant 45°$时，埋地管道截面呈"椭圆形"；当 $\alpha > 45°$时，埋地管道出现了冲击凹陷，凹陷深度和长度随着入射角度的增大而增大；当 $\alpha = 90°$时，管道凹陷最为严重。

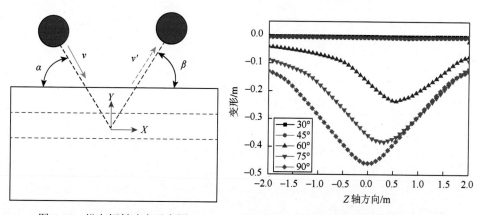

图 4-55　纵向倾斜冲击示意图　　　　　图 4-56　不同纵向倾斜冲击角度下管道 YZ 平面变形曲线

图 4-57 所示为不同纵向倾斜冲击角度下管道的应力应变分布。当 $\alpha \leqslant 45°$时，管道应力非常小，最大应力出现在管道顶部，且并未出现塑性变形；当 $\alpha > 45°$时，冲击凹陷出现在管道顶部，高应力区和塑性变形区随着落石入射角度的增大而增大。落石纵向倾斜冲击的破坏力小于垂向冲击，因而应该采取措施避免落石对埋地管道的垂向冲击，以降低管道失效事故的发生。

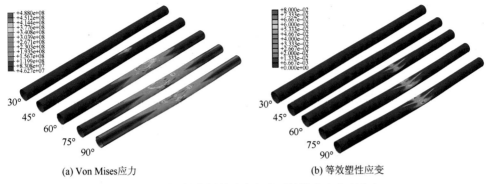

(a) Von Mises应力　　　　　　　　　　　(b) 等效塑性应变

图 4-57　不同纵向倾斜冲击角度下管道应力应变分布

4.5　立方体落石冲击硬岩区埋地管道力学研究

4.5.1　数值计算模型

长输油气管道除了可能要经过软土地层区域外，还可能要经过山川等硬岩地区，而硬岩地区的落石事故更为频繁。因而，需要对硬岩区中埋地管道在落石冲击作用下的应力应变响应进行分析。

假设落石形状为立方体，建立落石冲击埋地管道数值计算模型如图4-58所示。假定硬岩地层材料为石灰岩，其余各部件材料参数设置及边界条件与前文相同。

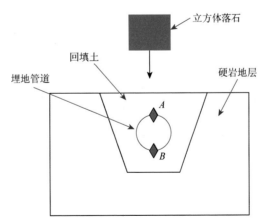

图 4-58　立方体落石冲击硬岩区埋地管道模型

4.5.2　仿真结果分析

1. 软土与硬岩地层对比分析

在落石冲击作用下，回填土被压缩，落石的冲击能通过回填土传递给埋地管道。当落石的冲击能较小时，仅有回填土发生变形，埋地管道未发生变形或仅发生弹性变形；而当冲击能较大时，管道的上半部分被迅速压缩，管道截面发生失稳并出现冲击凹陷。图4-59所示为立方体落石冲击作用下埋地管道与回填土变形。

图4-60所示为落石冲击作用下管道凹陷形成过程。管道的截面变形过程可分为四个阶段：

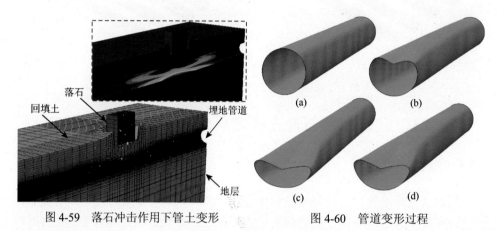

图 4-59　落石冲击作用下管土变形　　　　　　图 4-60　管道变形过程

（a）管道无变形——其截面近似为圆形，该阶段中的落石冲击载荷并未传递到埋地管道；

（b）管道初变形——落石贯入回填土中，回填土被压缩，管道在回填土作用下形成了初始凹陷；

（c）管道极限变形——在回填土阻碍作用下，落石速度降低为零，管道被压缩到极限状态；

（d）管道终变形——该阶段中的落石冲击载荷消失，冲击载荷作用下的管道弹性变形发生恢复，形成永久塑性变形，但由于回填土和落石重量引起的弹性变形依然存在。

埋地管道下端地基性质影响其冲击变形，为研究软土地层和硬岩地层对管道冲击变形性能的影响，分别建立相应的模型进行仿真分析。

当管道直径为813mm、壁厚为8mm、回填土厚度为1m、立方体落石边长为1.4m时，在落石冲击速度为35m/s的作用下，不同地层中管道的冲击凹陷深度随时间变化曲线如图4-61所示（取计算时间为0.3s）。可知，两种地层中埋地管道变形的四阶段时间范围是不同的。

两种地层中第一变形阶段的时间范围均是0～0.006s；在软土地层中，管道第二、三和四变形阶段的时间范围分别是0.006～0.129s、0.129～0.237s和0.237～0.300s；在硬岩地层中，相对应的时间范围是0.006～0.054s、0.054～0.081s和0.081～0.300s。

　　在第二变形阶段中，当时间小于 0.024s 时，管道在两种地层中的变形是相同的；0.024s 以后，硬岩地层中管道的凹陷深度变化率大于软土地层，但是软土层中该阶段持续时间更长；同时，软土地层中的管道凹陷深度的变化时间比硬岩地层中要长。

　　两种地层中的埋地管道截面变形如图 4-62 所示。管道截面垂向方向被压缩，而截面宽度增加。地层性质对埋地管道下半部分变形的影响较小，管道中间的压缩量最大。对于最危险的中截面，软土和硬岩地层中管道的最大压缩量分别是 0.4283m 和 0.4253m，则相对应的压缩率为 52.9% 和 52.5%。因而，硬岩地层中的管道最大凹陷深度小于软土地层，但凹陷长度却相反。

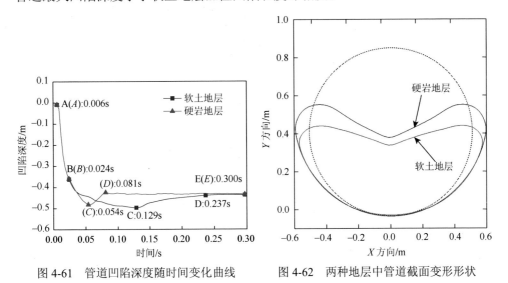

图 4-61　管道凹陷深度随时间变化曲线　　　图 4-62　两种地层中管道截面变形形状

　　图 4-63 所示为不同地层中埋地管道承受冲击力变化历程。两种地层中冲击力达到最大值及第一次衰减的时间是相同的，这是由于该阶段主要是由回填土的性质决定的，而两种工况中均采用了相同性质的回填土。但是软土地层中的最大冲击力为 1596kN，而硬岩地层中的最大冲击力为 1640kN。

　　在硬岩地层中，冲击力在第一次衰减后又出现了两次较大的波动，而后逐渐衰减为 0；在软土地层中，冲击力在第一次衰减后出现了一段平稳期，而后出现了较小波动并逐渐衰减。说明不同地层中管道承受的冲击力历程是不同的，由于硬岩层变形较小，在落石冲击作用下，仅有管沟中的回填土和管道发生大变形，而管沟限制了回填土的变形，使得管道承受的冲击力出现了两次较大的波动。而对于软土地层，在落石冲击作用下，回填土、管道及地层均发生了较大变形，地层起到了较大的缓冲作用，因而冲击力在第一次衰减后的变化较为平稳，并未出现较大的波动。

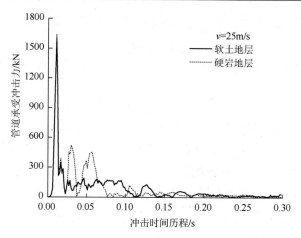

图 4-63　不同地层中管道承受冲击力历程

落石冲击后的不同地层中管道 Von Mises 应力分布如图 4-64 所示。两种地层中的管道高应力区域较为接近，且均形成了船形凹陷，管道上半部分呈"M"形，而管道下半部分近似圆形或椭圆形；软土地层中，管道最大应力集中在中段，且大于硬岩地层中的管道应力。

图 4-65 所示为管道在两种地层中的塑性应变分布。硬岩区管道的塑性区域大于软土地层，而管道的最大塑性应变集中在凹陷底部。

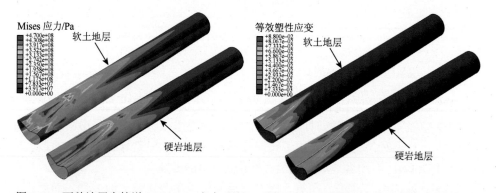

图 4-64　两种地层中管道 Von Mises 应力对比　　图 4-65　两种地层中管道塑性应变对比

2. 硬岩地层管道响应分析

当落石冲击速度为 25m/s 时，管道中间截面中 A、B 两点（见图 4-58）的速度变化曲线如图 4-66 所示。落石冲击作用下的埋地管道响应是个动态过程，管道上下两点的速度波动不同。A 点的速度波动较为剧烈，而 B 点相对较小。相对两点的速度波动差距较大将会导致管道局部发生屈曲。

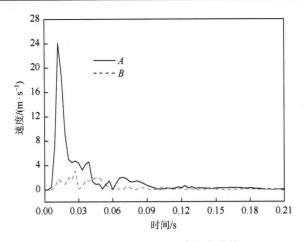

图 4-66　点 A、B 处速度变化曲线

图 4-67 所示为不同落石冲击速度下管道截面形状。当落石冲击速度小于 15m/s 时，管道截面呈椭圆形；随着冲击速度的增大，管道上出现了船形凹陷，且凹陷深度和长度逐渐增大。因而，落石冲击速度的增大将导致管道发生严重局部屈曲。

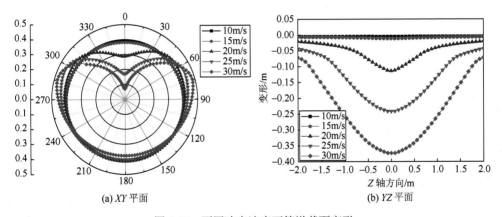

(a) XY 平面　　　　　　　　　(b) YZ 平面

图 4-67　不同冲击速度下管道截面变形

不同落石冲击速度下埋地管道应力和塑性应变分布如图 4-68 所示。当落石冲击速度为 10m/s 时，最大应力出现在管道底部；但随着冲击速度的增大，管道上部应力逐渐增大且大于底部应力；当落石冲击速度为 20m/s 时，在管道顶部出现了一个高应力环，最大应力并未出现在凹陷底部；管道应力随着落石冲击速度的增大而增大。

当落石冲击速度为 10m/s 或 15m/s 时，管道的塑性变形区域非常小，且呈椭圆形分布在管顶。随着落石冲击速度的增大，管道塑性变形区域逐渐增大，但塑性变形仅发生在管道上半部分，而管道下半部分并未出现塑性变形，最大塑性应变出现在凹陷中线。

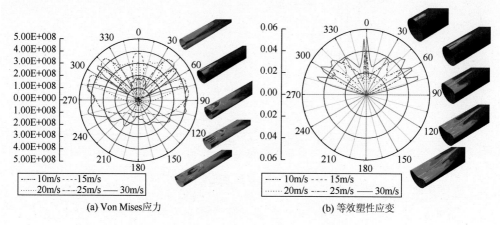

(a) Von Mises应力　　　　　　　　　　　(b) 等效塑性应变

图 4-68　不同冲击速度下管道应力应变分布

4.5.3　管道参数影响研究

1. 管道埋深影响分析

回填土作为落石与埋地管道的中间介质，它的厚度（埋深）对管道力学行为影响较大。当落石冲击速度为 25m/s 时，不同埋深管道的截面变形如图 4-69 所示。当埋深大于 1.5m 时，管道变形较小，截面形状呈椭圆形；当埋深小于 1.5m 时，管道出现大变形，产生冲击凹陷；凹陷深度和长度随着埋深的增大而减小。对于落石崩塌区域的管道，如果埋深较浅，管道发生失效的概率较大。因而，部分区域的埋地管道采用水泥盖板等进行防护。

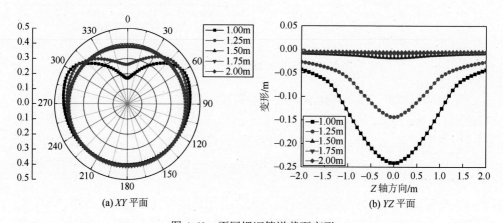

(a) XY 平面　　　　　　　　　　　(b) YZ 平面

图 4-69　不同埋深管道截面变形

图 4-70 所示为不同埋深管道的应力应变分布。当埋深大于 1.5m 时，管道应力分布呈椭圆形，且下半部分应力较小；随着埋深的减小，高应力区逐渐扩展，管道下半部分的应力也逐渐增大。管道塑性变形区域和最大塑性应变均随着埋深的增加而减小，但管道下半部分并未发生塑性变形。

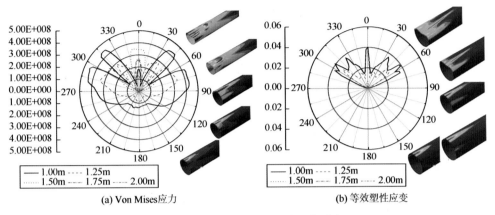

(a) Von Mises应力　　　　　　　　　　　(b) 等效塑性应变

图 4-70　不同埋深管道应力应变分布

2. 落石高度影响分析

不同高度的落石冲击作用下，埋地管道的响应也是不同的。假定落石的底面积不变，取不同高度的立方体落石（高为 0.6m、0.8m、1.0m、1.2m、1.4m 和 1.6m）进行仿真计算，得到冲击速度为 25m/s 时，不同高度落石冲击下的管道变形如图 4-71 所示。

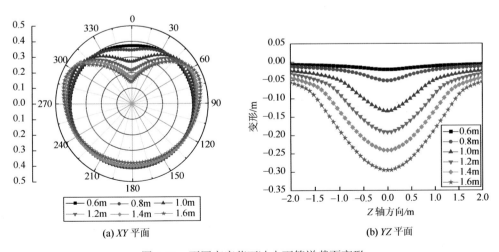

(a) XY 平面　　　　　　　　　　　(b) YZ 平面

图 4-71　不同高度落石冲击下管道截面变形

　　落石高度变化导致落石冲击力的变化，随着落石高度的增大，管道截面形状由椭圆形变为桃形，屈曲现象更为严重，管道凹陷的深度和长度也随之增大。当落石高度为 0.8m 时，管道截面变形处于椭圆形和桃形的临界状态。

　　图 4-72 所示为不同高度落石冲击下的管道应力和应变分布。当落石高度为 0.6m 时，最大应力出现在管道顶部，但该处的应力却随着落石高度的增加而减小。管道的高应力区和塑性变形区随着落石高度的增大而增大。当落石高度小于 0.8m 时，最大塑性应变出现在管顶，而随着落石高度的增大，管道的最大塑性应变并未出现在中间截面，而是在凹陷底部的中线位置。

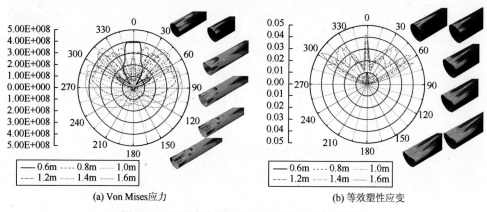

(a) Von Mises应力　　　　　　　　　　　　(b) 等效塑性应变

图 4-72　不同高度落石冲击下管道应力应变分布

3. 落石底面积影响分析

　　假定落石高度不变，对不同底面积的落石冲击工况进行分析，当冲击速度为 25m/s 时，埋地管道的截面变形如图 4-73 所示。落石底面积的变化影响冲击力的

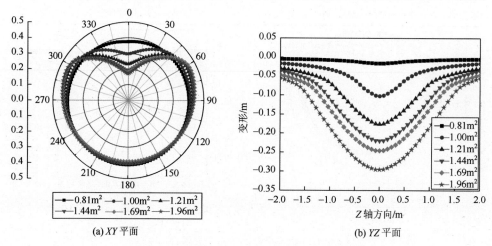

(a) XY 平面　　　　　　　　　　　　(b) YZ 平面

图 4-73　不同底面积落石冲击下管道截面变形

分布，随着落石底面积的增大，管道截面逐渐变为桃形，冲击凹陷的长度和深度也逐渐增大。当落石底面积为 0.81m² 时，管道未出现屈曲；当落石底面积为 1m² 时，管道出现凹陷；当落石底面积大于 1.44m² 时，管道中间横截面形状基本不再发生变化，但是凹陷长度却进一步增大。

　　图 4-74 所示为不同底面积落石冲击作用下的管道应力应变分布。当落石底面积小于 0.81m² 时，应力主要集中在管顶，随着落石底面积的增大，管道高应力区域沿轴向和周向逐渐扩展。管道塑性变形区域随着落石底面积的增大而增大，当落石底面积大于 1.44m² 时，中间横截面的塑性应变分布变化较小，但塑性变形区域则沿轴向逐渐增大。

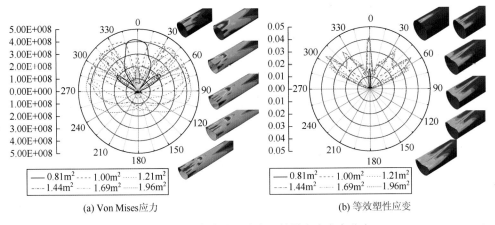

(a) Von Mises应力　　　　　　　　　　　　(b) 等效塑性应变

图 4-74　不同高度落石冲击下管道应力应变分布

4.5.4　回填土参数影响研究

1. 回填土弹性模量影响分析

　　当落石冲击速度为 15m/s 时，不同弹性模量回填土中的管道最大应力和塑性应变如图 4-75 所示。在落石低速冲击作用下，管道的高应力区和塑性变形区呈椭圆形；随着回填土弹性模量的增大，管道的最大应力和塑性应变逐渐减小；虽然回填土弹性模量较小时管道的最大应力小于屈服极限，但仍存在塑性变形。这是由于落石冲击是个动态过程，当落石冲击速度降低为 0 时，管道出现了塑性变形，而后期的管道弹性变形发生恢复，应力也会相应降低。

　　当落石冲击速度为 25m/s 时，不同弹性模量回填土中的塑性应变分布如图 4-76 所示。回填土弹性模量对管道塑性应变分布影响较小。当弹性模量为 10MPa 时，凹陷中线及两个台肩处的塑性应变较大；当弹性模量大于 10MPa 时，最大塑性应变仅出现在凹陷中线。管道塑性应变随着回填土弹性模量的增大而减小。

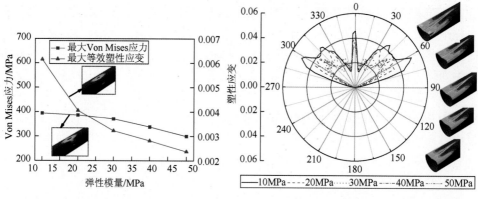

图 4-75　不同弹性模量下最大应力和　　　　图 4-76　不同弹性模量下管道塑性应变分布
塑性应变

不同弹性模量回填土中的管道截面变形如图 4-77 所示。回填土弹性模量越小，管道屈曲现象越严重，更容易产生冲击凹陷。随着回填土弹性模量的增大，管道凹陷深度逐渐降低，且变化率也逐渐降低。

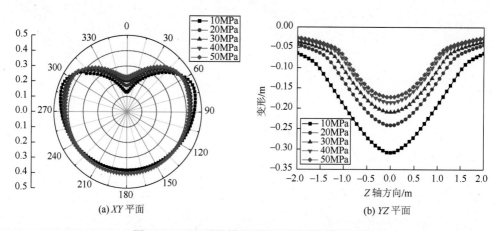

(a) XY 平面　　　　　　　　　　　　　(b) YZ 平面

图 4-77　不同弹性模量回填土中管道截面变形

2. 回填土泊松比影响分析

落石冲击速度为 15m/s 时，不同泊松比地层中的管道最大应力和塑性应变如图 4-78 所示。随着回填土泊松比的增大，管道最大应力逐渐减小，但是管道最大塑性应变呈先增大后减小的变化趋势。当泊松比为 0.4 时，管道的应力和应变非常小。

落石冲击速度为 25m/s 时，管道的塑性应变分布如图 4-79 所示。回填土泊松比对管道塑性应变分布影响较小，管道塑性应变随着回填土泊松比的增大而减小。

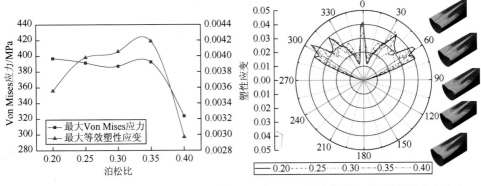

图 4-78　不同泊松比下最大应力和塑性应变　　图 4-79　不同泊松比下管道塑性应变分布

　　当落石冲击速度为 25m/s 时，不同泊松比回填土中的管道变形如图 4-80 所示。随着回填土泊松比的减小，管道屈曲现象更为严重。当泊松比小于 0.35 时，凹陷深度变化较为均匀，但是变化率较小；当泊松比为 0.4 时，管道冲击凹陷较小。

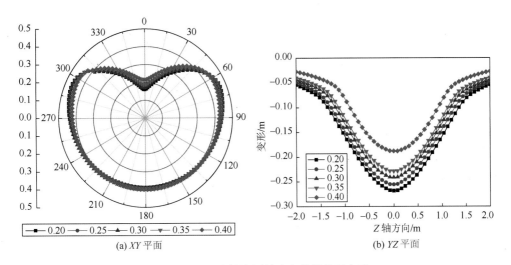

(a) XY 平面　　　　　　　　　　　　(b) YZ 平面

图 4-80　不同泊松比回填土中管道截面变形

3. 回填土黏聚力影响分析

　　落石冲击速度为 15m/s 时，不同黏聚力回填土中的管道最大应力和塑性应变如图 4-81 所示。随着回填土黏聚力的增加，管道最大塑性应变逐渐增大，但管道最大应力却是先增大后减小。当黏聚力为 25kPa 时，管道应力达到最大值。

　　落石冲击速度为 25m/s 时，不同黏聚力下的管道塑性应变分布和截面变形分别如图 4-82 和图 4-83 所示。在落石高速冲击作用下，回填土的黏聚力对管道屈曲行为的影响较小。

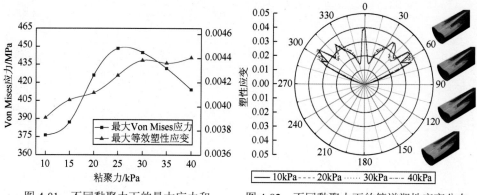

图 4-81　不同黏聚力下的最大应力和
塑性应变

图 4-82　不同黏聚力下的管道塑性应变分布

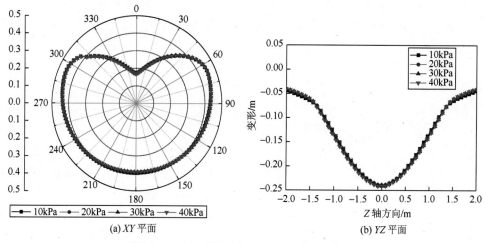

(a) XY 平面

(b) YZ 平面

图 4-83　不同黏聚力回填土中管道截面变形

落石冲击速度为 15m/s 时，不同参数回填土中的管道椭圆度如表 4-1 所示。管道椭圆度随着回填土弹性模量的增大而减小；随着回填土泊松比的增大，管道椭圆度先增大后减小；而管道椭圆度随着回填土黏聚力的变化而呈波动变化。

表 4-1　不同参数回填土中管道椭圆度

弹性模量 E/MPa	椭圆度 k/%	泊松比 ν	椭圆度 k/%	黏聚力 c/kPa	椭圆度 k/%
10	2.76	0.20	1.94	10	1.35
20	1.96	0.25	2.06	15	1.96
30	1.67	0.30	1.96	20	2.10
40	1.48	0.35	1.86	25	1.90
50	1.43	0.40	1.57	30	1.95
-	-	-	-	35	2.29
				40	2.74

4.5.5　落石偏心冲击研究

在工程实际中，落石对埋地管道的偏心冲击更为常见。图 4-84 所示为立方体落石偏心冲击埋地管道示意图，定义偏心距离 w 为落石与管道之间的水平中心距。落石冲击速度为 25m/s 时，落石冲击不同偏心位置后的管道截面变形如图 4-85 所示。

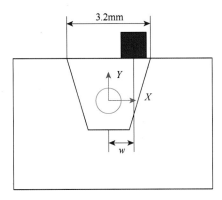

图 4-84　立方体落石偏心冲击示意图

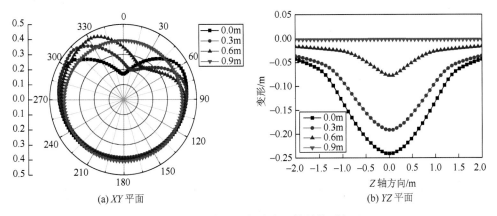

(a) XY 平面　　　　　　　　　　(b) YZ 平面

图 4-85　不同偏心距离冲击下管道截面变形

对心冲击（$w=0$）作用下的管道屈曲行为最为严重，冲击凹陷的深度和长度随着冲击距离的增大而减小。当偏心距离为 0.9m 时，管道截面为椭圆形，无凹陷产生。在偏心冲击作用下，管道凹陷偏向了冲击方向一侧，落石偏心冲击距离的增大会降低管道发生失效的概率。因而，落石的对心冲击应当避免，或通过外部措施改变落石冲击位置以保护管道免受伤害。

　　不同偏心距离冲击下的管道应力应变分布如图 4-86 所示。在偏心冲击作用下的应力和塑性应变分布发生了偏转，当偏心距离为 0.9m 时，最大应力和应力区域非常小。偏心冲击作用下的管道塑性应变分布极不均匀，当偏心距离为 0.3m 和 0.6m 时，管道中间横截面的左侧最大塑性应变最大，且大于对心冲击工况。管道塑性变形区随着偏心冲击距离的增大而减小，当偏心距离大于 0.9m 时，管道塑性应变非常小。

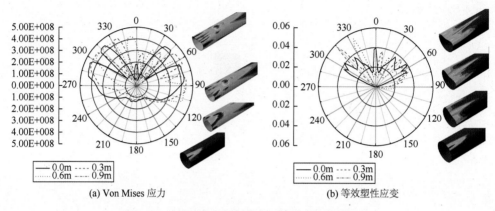

(a) Von Mises 应力　　　　　　　(b) 等效塑性应变

图 4-86　不同偏心距离冲击下管道应力应变分布

4.5.6　二次冲击分析

　　为研究埋地管道在落石连续冲击作用下的屈曲行为，对落石的二次冲击过程进行仿真分析，两次冲击速度均为 25m/s，图 4-87 所示为管道凹陷深度随时间变化曲线。在 0.06s 时刻，第一次冲击引起的管道凹陷深度达到极限值，第二次冲

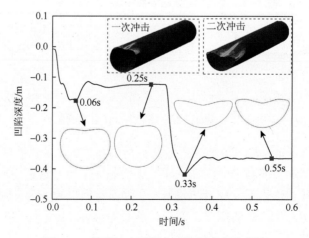

图 4-87　连续冲击过程中凹陷深度变化曲线

击引起的管道凹陷深度在 0.33s 时刻达到极限值。第一次冲击后，管道凹陷深度达到 0.123m，而第二次冲击后达到 0.365m，增长率为 196%。这是由于第一次冲击后管道已经发生了屈曲，极大地降低了管道的抗变形能力，因而二次冲击后的管道损伤更为严重。

图 4-88 所示为不同冲击时刻管道截面变形，在冲击过程后期，由于冲击引起的管道弹性变形发生恢复。二次冲击后的管道变形大于一次冲击，因而在油气管道运营过程中应当避免落石二次冲击，变形管道应当及时修复或更换，以避免再次冲击引发严重事故。

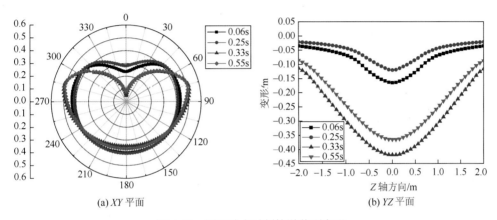

(a) XY 平面　　　　　　　　　　　　　　(b) YZ 平面

图 4-88　不同冲击时刻管道截面变形

图 4-89 所示为管道在两次冲击后的应力和应变分布。二次冲击后的管道高应力区大于一次冲击，特别是管道下半部分的应力在二次冲击后增大。一次冲击后，管道的最大塑性应变集中在凹陷的中线上，而二次冲击后的管道最大塑性应变出现在两个肩部而非中间。可见，不同屈曲形貌下的危险位置是不同的。

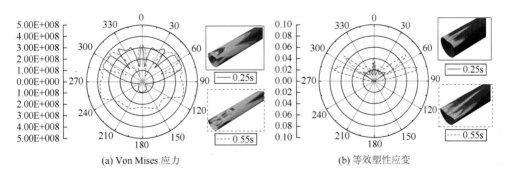

(a) Von Mises 应力　　　　　　　　　　　　(b) 等效塑性应变

图 4-89　二次冲击前后管道应力应变分布

第5章　地层沉陷区埋地管道力学行为研究

由于管道埋在地下，因而其受地层的影响较大，特别是管道穿越黄土、丘陵、煤矿采空区等易塌陷地层时，易发生弯曲变形、裸露、悬空，甚至断裂。当管道穿越城镇等易沉降地层时，易出现过度变形、连接部位断裂等失效形式。因而，对地面塌陷、沉降作用下的管道力学性能进行研究具有重要的工程实际价值。

5.1　塌陷沉降区管道基本特征及力学模型

5.1.1　塌陷沉降区管道基本特征

地下矿场采空区、硐室等发生垮塌，或下部地层在渗流作用下发生沉降等造成上部岩土发生下沉，并会在地表形成周围高、中央低的盆地结构，如图 5-1 所示。根据塌陷沉降区管道变形特点，将埋地管道统一划分为 4 个区域：*BC* 管段对应中间沉陷区，*AB* 管段对应内过渡沉陷区，*OA* 管段对应外过渡沉陷区，*DO* 管段对应非沉陷区。

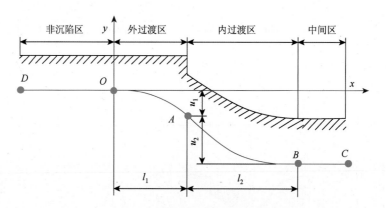

图 5-1　地层沉陷及管道挠曲变形示意图

位于沉陷地层正上方的为中间沉陷区，该段地表下沉相对较为均匀，地面形貌与沉陷之前变化较小，地表下沉量最大；内过渡区为中间沉陷区和外过渡区的过渡地带，该段地表沉陷不均匀，靠近中间区的下沉量大于靠近外过渡区一侧，呈现出凹形，并产生压缩变形；外过渡区的变形主要是由于岩土内部的黏聚力及管道压缩下层岩土变形而引起的，其下沉量分布不均匀，地面向盆地中心倾斜，呈现为凸形；非沉陷区离沉陷盆地较远，其地表几乎不发生沉降。

在地层沉陷盆地的各个区域内，埋地管道的受力状态是不同的。在中间沉陷区，由于地表的下沉量最大，BC 管段主要承受轴向拉应力和岩土摩擦力；在内过渡区，AB 段管道主要承受轴向压应力，从而产生压缩变形，并在岩土作用下发生弯曲；在外过渡区，OA 段管道主要承受拉应力，并承受地层错位引起的剪应力，从而产生弯曲变形、局部屈曲或拉断，该段为整个沉陷区管道最易失效部位；在非沉陷区，DO 段管道主要承受轴向拉应力和岩土静摩擦力，产生轴向应变，但是应变较小，且离 O 点越远，管道受地层沉陷的影响越小。

5.1.2　塌陷沉降区管道简化力学模型

沉陷区埋地管道的力学性能受多种因素的影响，如土体物理性质、管土摩擦力、管材性质等。如图 5-1 所示，整个沉陷区的埋地管道中，OA 和 AB 管段的挠曲变形最大，因而需要建立这两个区段管道的力学模型。

对 OB 段管道的弯曲变形，许多学者基于 Winkle 地基模型，建立了该段管道的弯曲微分方程，或采用三次曲线方程来描述管道的几何大变形，这两种模型都能在一定程度上对管道的大变形进行定量描述，但这些模型的求解均较为繁琐。基于此，笔者提出一种更为简单且较为准确的计算方法。

通过对管道挠曲变形的分析，将 OB 段的变形管道假设为一条光滑的"S"曲线[45]，假定地层的沉陷并未拉断管道或管道未出现悬空状态。由于管道的上覆土厚度远小于管道下部土层厚度，因而土体对 OA 和 AB 段的作用力不同，则需要对 OB 段建立分段函数求解。假设管道的挠曲变形计算公式为

$$y(x)=\begin{cases} u_1\left(\cos\left(\dfrac{x\pi}{2l_1}\right)-1\right) & 0\leqslant x\leqslant l_1 \\ -u_1-u_2\cos\left(\dfrac{l_1+l_2-x}{2l_2}\pi\right) & l_1\leqslant x\leqslant l_2 \end{cases} \tag{5-1}$$

式中，l_1、l_2——分别为 OA 和 AB 段管道的轴向长度；

u_1、u_2——分别为 OA 和 AB 段管道最大挠曲变形量。

假定 O 点的轴向位移为 0，则变形后 OB 段管道的长度主要与土体性质及管道径厚比有关。根据式（5-1），OB 段管道在地层沉陷作用下的最大变形曲率为

$$\rho=-\left(\frac{\mathrm{d}^2 y(x)}{\mathrm{d}x^2}\right)_{\max} \tag{5-2}$$

假定管道的横截面仍为圆形截面，则相应的弯曲应变为

$$\varepsilon_b=\frac{\rho D}{2} \tag{5-3}$$

式中，D——管道外径。

显然，OA 段和 AB 段管道的弯曲应变分别与 u_1、u_2（见图 5-1）呈线性关系。根据几何关系，OB 管段在地层沉降作用下的几何伸长量为

$$\Delta l = \int_0^{l_1+l_2} \sqrt{1 + y'(x)^2}\, \mathrm{d}x - l_1 - l_2 \tag{5-4}$$

则相应的轴向应变为

$$\varepsilon_m = \frac{\Delta l}{l_1 + l_2} = \frac{1}{l_1 + l_2}\int_0^{l_1+l_2} \sqrt{1 + y'(x)^2}\, \mathrm{d}x - 1 \tag{5-5}$$

假定沿管道轴向的应变均匀分布，则应用幂级数展开式：

$$\sqrt{1 + y'(x)^2} = 1 + \frac{1}{2}y'(x)^2 + \cdots \tag{5-6}$$

只保留前两项，则由式（5-5）和式（5-6）得到 OB 段管道的轴向应变：

$$\begin{aligned}
\varepsilon_m &= \frac{1}{2(l_1 + l_2)}\int_0^{l_1+l_2} y'(x)^2\, \mathrm{d}x \\
&= \frac{\pi^2 u_1^2}{16 l_1(l_1 + l_2)} + \frac{\pi^2 u_2^2}{16 l_2(l_1 + l_2)}
\end{aligned} \tag{5-7}$$

5.2　塌陷区埋地管道力学研究

5.2.1　数值计算模型

在建模过程中需要考虑管材与土体的非线性特性、管土耦合、管道屈曲及土体大变形等因素。建立常用油气输送管道的管土耦合模型如图 5-2 所示，管径为

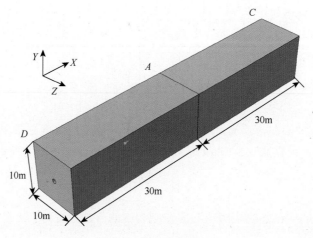

图 5-2　管土计算模型

914.4mm、壁厚为 8mm；整个模型轴向方向长度约为 60 倍管径，横向和纵向方向约为 10 倍管径。则整个计算模型在 X、Y、Z 方向尺寸为 60m×10m×10m，管道中心距离地表 2.5m。

以 X65 钢管为例分析，管材屈服应力为 448.5MPa、弹性模量为 210GPa、泊松比为 0.3、密度为 7800kg/m³。地层土体材料选用理想弹塑性 Mohr-Coulomb 模型，黏聚力 24.6kPa、内摩擦角 11.7°、弹性模量 33MPa、密度 1400kg/m³、泊松比 0.45。

5.2.2　模型验证

以黄土地层为例，当下部地面塌陷量 w 与管径 D 之比为 8.75、管道无内压时，计算得到 X65、X80 钢管道的轴向应变和塑性应变如图 5-3 所示。OA 段管道的应变最大，X80 钢管道的最大轴向应变为 0.0228，而 X65 钢管道的最大轴向应变为 0.0483，较 X80 钢管增大了 1.12 倍；X80 钢管道的最大等效塑性应变为 0.028，X65 钢管道的为 0.063，较 X80 钢管增大了 1.25 倍。说明了 X80 钢管道的力学性能优于 X65，在相同工况下发生失效的概率较小，表明优良管材可以较好地抵抗外部载荷造成的屈曲及其他失效。

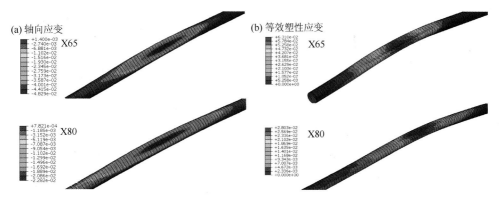

图 5-3　OA 段管道的轴向应变与塑性应变云图

从图 5-3（a）中可知，管道轴向应变呈现椭圆形分布，最大应变出现在管道顶部中心，沿椭圆径向方向，轴向应变逐渐降低；在轴向应变较大处，管道出现了较大的凹陷。由于该段管道处于外过渡沉陷段，该段呈现外凸形状，则管道的上半部分受拉，而下半部分受压。图 5-3（b）中，管道等效塑性应变沿管道轴向呈梯度分布，最大塑性应变区域也是出现在管道的上半部分。

为了验证前文提出的解析模型的准确性，采用解析模型与有限元模型计算后，得到 X65、X80 钢管道在纵向面内的挠度曲线如图 5-4 所示。经过归一化处理后，采用两种方法求解的 X65、X80 钢管道的挠度曲线较为吻合，表明通过理论计算也可以较为可靠地预测整个管道的挠曲变形形态，但不能得到管道的周向变形形态。

采用理论计算与有限元模拟的 *OB* 段管道的轴向应变及对应的几何伸长量如表 5-1 所示。可以发现，采用两种方法计算后的结果较为接近，X65 钢管道的绝对误差值为 1.12%，而 X80 钢管道的绝对误差值为 0.58%，说明所建立的沉陷区管道力学模型较为可靠。

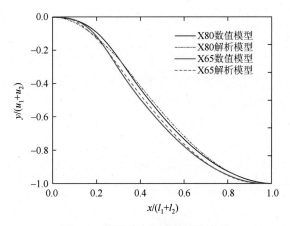

图 5-4　管道纵向面内的挠度曲线

表 5-1　*OB* 段管道轴向应变计算结果

管材	解析解		数值仿真		误差/%
	轴向应变	伸长量	轴向应变	伸长量	
X65	0.01452	0.4719	0.01468	0.4772	1.12
X80	0.01028	0.3597	0.01022	0.3576	−0.58

5.2.3　管道参数影响研究

1. 地面塌陷量影响分析

当地面塌陷量较小时，埋地管道随地层同时下沉，并发生弯曲变形与屈曲；当地面塌陷量较大时，埋地管道可能被拉断或形成悬空。以发生大变形的 X65 管道进行分析，图 5-5 所示为塌陷量 w 取不同值时管道的变形与最危险横截面形状。

图 5-5（a）中，随着塌陷量的不断增大，管道的变形逐渐增大，在外过渡沉陷区的 *OA* 段管道的应变最大，该段管将最先发生失效；图 5-5（b）中，*OA* 段最

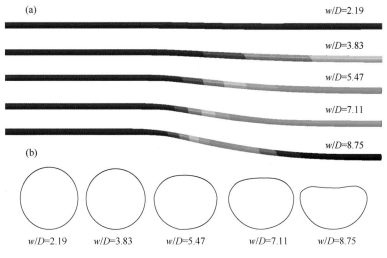

图 5-5　不同塌陷量下管道挠曲变形与横截面形状

危险位置的管道截面形状随着塌陷量的增大，管道截面由圆形逐渐变为椭圆形，再变为月牙形；管道的下半部分受压缩变形较小，而上半部分受拉变形较大，形成凹陷。

图 5-6 为管道截面正上方位置的轴向应变曲线。由图可知，沿管道轴向方向，在 OA 段轴向应变曲线出现了峰值，最大应变位置并不是两个区块的错位点（即 A 点），而是在 OA 段距离 A 点约 3m 处的位置；DO 段管道的应变变化很小，AB 段管道的轴向应变先减小后增大。

为了表征管道变形截面的形状，定义管道的椭圆度 $k=(D_{max}-D_{min})/D$。埋地管道的最危险截面椭圆度、最大轴向和等效塑性应变随地层塌陷量的变化曲线如图 5-7 所示。管道截面的椭圆度与应变均随着塌陷量的增大而增大，且与塌陷量呈非线

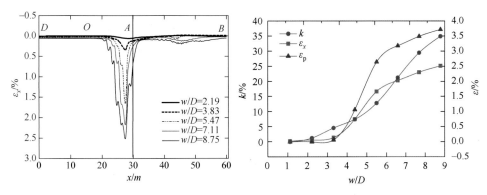

图 5-6　不同塌陷量下管道的轴向应变曲线　　图 5-7　管道椭圆度与应变随塌陷量变化曲线

性规律变化；当塌陷量与管径之比 $w/D<2$ 时，管道的塑性应变为 0，即管道未进入屈服状态；在弹性阶段，管道的截面椭圆度与弹性应变均较小，当管道进入塑性阶段以后，其增长率逐渐增大。API579 标准中认为如果凹坑发生在纵向焊缝位置则认为凹坑是危险的，因为该处容易萌生裂纹，也有认为焊缝处的凹坑将极大降低管道的破裂强度。

2. 管道径厚比影响分析

管道的径厚比直接影响其承载与抗变形能力。管材标准中规定管道外径为 914.4mm 时的壁厚范围是 6.4～20.6mm，因而计算中取管道的径厚比分别为 44.6%、53.8%、67.7%、91.4%和140.6%，该范围包括了管道径厚比的所有区间。

当 w/D=8.75 时，不同径厚比的管道挠度曲线如图 5-8 所示。无论径厚比取何值，管道 A 点的下沉量基本保持不变，说明两个区块错位点处的管道下沉量与管道径厚比无关；管道径厚比越大，OA 段管道的曲率半径越小，即管道的弯曲变形越大，更易发生失效。说明随着径厚比的增大，管道的抗变形能力逐渐减弱。

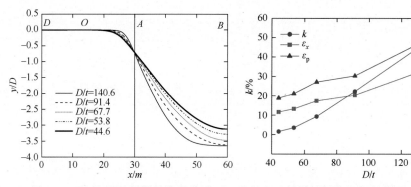

图 5-8　不同径厚比管道的挠度曲线　　　图 5-9　管道椭圆度和应变随径厚比变化曲线

图 5-9 为管道的最危险截面椭圆度、最大轴向应变和等效塑性应变随径厚比的变化曲线。随着管道径厚比的不断增大，管道截面椭圆度、最大轴向应变和等效塑性应变均呈非线性规律增大；最大轴向应变和等效塑性应变曲线的变化规律基本相同。

3. 管道埋深影响分析

管道埋深不同，则其承受的土体压力不同，埋深越深，围土对其产生的载荷越大。由于管土耦合作用，围土的黏聚力对管道变形影响较大。

当地层塌陷量为 5m，围土黏聚力为 24.6kPa 时，不同埋深的管道挠度曲线如图 5-10 所示。DO 管段基本保持不变，但随着埋深增大，管道挠曲变形逐渐减小。当地层发生塌陷时，管道各部分除了需要克服相邻部分的拉压应力、围土摩擦力外，还需要对上覆土下沉产生阻抗力。由于上覆土黏聚力较大，在管道作用下形成的土拱效应较强，特别是随着埋深的加深，土拱效应更强，上覆土的变形越大，则埋地管道相对下沉量就越小，因而管道的挠曲变形就越小。

当塌陷量为 5m，围土黏聚力为 24.6kPa 时，不同埋深下管道最大轴向应变如图 5-11 所示。随着埋深增大，管道轴向应变逐渐减小。当埋深小于 3m 时，轴向应变变化率较大；而当埋深大于 3m 时，管道轴向应变变化较小；当塌陷量较小时，埋深对管道应变的影响较小。

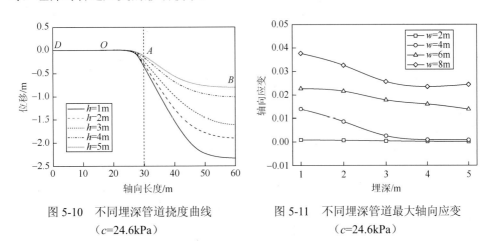

图 5-10 不同埋深管道挠度曲线　　　图 5-11 不同埋深管道最大轴向应变
　　　　（c=24.6kPa）　　　　　　　　　　　（c=24.6kPa）

当塌陷量为 5m，围土黏聚力为 1kPa 时，不同埋深下管道挠度曲线如图 5-12 所示。该工况下的埋地管道挠曲变形随埋深的增加而增大；与图 5-10 相比，OA 管段的长度更长。主要是由于围土的黏聚力较低，管道作用下形成的土拱效应较弱，围土对管道的约束力较小，在埋地管道的作用下，地表面更易出现隆起现象。而埋深越深，管道承受的外载越大，导致管道的挠曲变形越大。

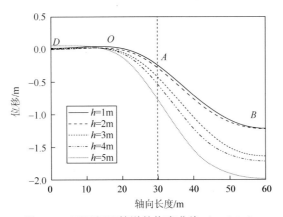

图 5-12 不同埋深管道的挠度曲线（c=1kPa）

4. 管道内压影响分析

管道内压 P 取不同值时，埋地管道的挠曲变形曲线如图 5-13 所示。在管道允许的最大内压 P_{max} 范围内，无论内压为何值，管道的变形与无内压时基本相同。说明在地层沉陷区，内压对埋地管道挠曲变形的影响不敏感。因而在进行管道的大变形分析时，可以不考虑内压的影响。

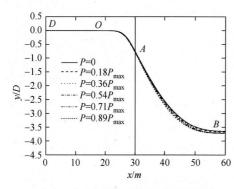
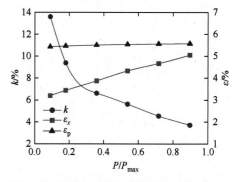

图 5-13　不同内压下管道的挠度曲线　　图 5-14　管道椭圆度与应变随内压变化曲线

图 5-14 为管道最危险截面的椭圆度、最大轴向和等效塑性应变随内压的变化曲线。随着内压的增大，管道轴向应变逐渐增大，塑性应变基本保持不变，说明内压对管道的轴向应变影响较大，而对塑性应变影响较小。管道截面椭圆度随着内压的增大逐渐减小，当内压与最大允许压力之比 P/P_{max} 小于 0.36 时，椭圆度曲线的变化率较大，而当该比值大于 0.36 时，椭圆度曲线的变化率较小。

5. 管土摩擦因数影响分析

地层塌陷过程中，管土之间的摩擦力可以分为两个部分：土体发生屈服之前的静摩擦力和土体屈服后的滑动摩擦力[16]。当管道出现轴向变形时，管道周围土体将对这种相对运动产生阻力，当该阻力达到极限值时，管道表面附近的土体将发生屈服，管道便将在管土界面发生相对滑动。

表 5-2 为管土摩擦因数 f 为 0.2～0.6 时，埋地管道的最大沉降量、截面椭圆度、轴向应变和塑性应变。由表可知，不同摩擦因数下，管道的沉降量变化较小，因而整个管道的挠曲变形受摩擦因素影响较小；管道截面椭圆度随着摩擦因数的增大而增大。当 $f > 0.4$ 时，椭圆度基本保持不变；管道塑性应变和轴向应变均随着摩擦因数的增大而增大，但增长率逐渐降低。

表 5-2　不同管土摩擦因数下计算结果

摩擦因数 f	沉降量 y/D	椭圆度 k/%	塑性应变 ε_p/%	轴向应变 ε_x/%
0.2	3.990	33.65	3.642	2.480
0.3	3.988	34.96	3.720	2.519
0.4	4.006	35.55	3.818	2.574
0.5	3.994	35.80	3.875	2.605
0.6	3.992	35.68	3.879	2.609

5.2.4　围土参数影响研究

1. 不同土体对比

不同地层土体参数下的管道变形是不同的。以黄土、砂土和黏土为例，分析这三种土体中埋地管道的挠曲变形与应变。图 5-15 为不同地层中管道挠曲变形曲线，黄土地层段管道挠曲变形最大，砂土地层段管道挠曲变形最小，主要是由于砂土的黏聚力较小，土体与管道之间发生相对运动时的阻力就较小，且砂土在管道作用下易发生变形。

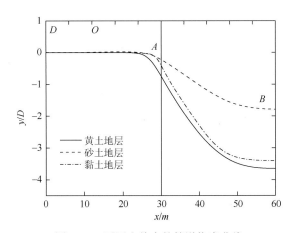

图 5-15　不同土体中的管道挠度曲线

表 5-3　不同土体中管道的应变结果

地层	椭圆度 k/%	塑性应变 ε_p/%	轴向应变 ε_x/%
黄土	34.96	3.720	2.519
砂土	10.79	0.944	0.700
黏土	37.17	5.555	3.799

表 5-3 为不同土体中的管道椭圆度、轴向应变和塑性应变。可知，砂土地层段的管道截面椭圆度、轴向和塑性应变均为最小；虽然黄土地层段的管道挠曲变形最大，但该段管道应变和椭圆度却小于黏土段，主要原因是在外过渡段管道的弯曲变形曲率较小，而黏土地层中的较大。因而，并不是管道的挠曲变形越大，管道就越易发生失效，而与土体物理性质有较大关系。

2. 围土弹性模量影响分析

地层塌陷过程中，管土相互作用对埋地管道的变形影响较大。地层塌陷量为 6m 时，不同土体弹性模量下的埋地管道挠度曲线如图 5-16 所示。不同弹性模量的地层中，OA 管段变形较小，而 AB 管段的位移变化较大。随着土体弹性模量的增加，管道的位移量逐渐增大。

图 5-17 所示为不同土体弹性模量下的管道最大轴向应变。随着土体弹性模量增大，管道轴向应变逐渐增大。当地层塌陷量较大时，管道轴向应变变化较为明显，而当塌陷量小于 2m 时，管道轴向应变较小，且受土体弹性模量影响较小。

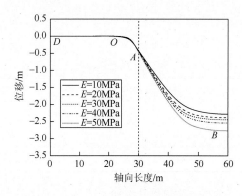

图 5-16　不同土体弹性模量下管道挠曲线

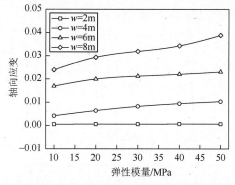

图 5-17　不同土体弹性模量下管道最大轴向应变

3. 围土泊松比影响分析

图 5-18 所示为地面塌陷 6m 时不同土体泊松比下埋地管线的挠度曲线。土体泊松比对管道位移影响非常小，只有 AB 段的下半部分出现了较小的变化。

图 5-19 为不同土体泊松比下管道最大轴向应变。无论是何种地层塌陷工况下，管道轴向应变均变化较小。说明地层土体泊松比对整个塌陷区管道力学性能影响较小。

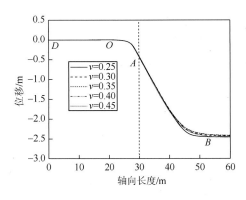

图 5-18　不同土体泊松比下的管道挠曲线

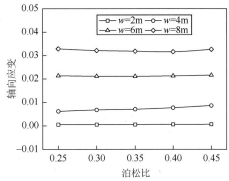

图 5-19　不同土体泊松比下管道最大
轴向应变

4. 围土黏聚力影响分析

地面塌陷量为 6m 时，不同土体黏聚力下的埋地管道挠度曲线如图 5-20 所示。随着土体黏聚力的增大，管道位移逐渐增大，主要变化区域是内过渡区和中间沉陷区，而外过渡区的变化较小。说明在相同塌陷量下，处于黏聚力较大地层中的埋地管道更易发生失效。

图 5-21 为不同黏聚力土体中的管道最大轴向应变。随着土体黏聚力逐渐增大，管道轴向应变逐渐增大，但是不同地面塌陷量下的轴向应变变化规律不同。当塌陷量小于 2m 时，轴向应变受黏聚力的影响较小；随着土体黏聚力的增大，轴向应变曲线的变化率逐渐增大，且呈非线性规律变化。

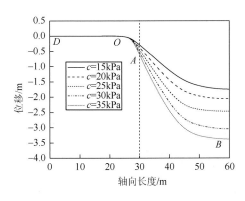

图 5-20　不同土体黏聚力下管道挠应曲线

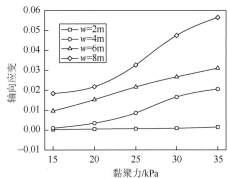

图 5-21　不同土体黏聚力下管道最大
轴向应变

5.3　地表沉降区埋地管道力学研究

5.3.1　地表沉降区埋地管道失效分析

城镇地面沉降主要是由于地下水开采及工程建设等，使欠固结或半固结土层区中的土层固结压密而出现大面积地面下沉现象。如天津市从 1959 年至今最大累计沉降量已达 2.5m，沉降量 100mm 以上已达 900km²；西安市沉降量 100mm 以上的范围达 200km² 等。随着城市化的发展，密集的高层建筑及交通工程的建设成为地层固结沉降的主要原因。埋地管道作为城市油、气、水输运的主要基础设施，受地层沉降影响较大。

敷设在软土地基中的管道因沉降会产生各种变形，管道的失效形式也是多样的。Attewell[24]等提出金属管道的功能失效形式主要有：

（1）纵向弯矩引起横向断裂；

（2）环向弯矩引起纵向劈裂；

（3）熔断、长期腐蚀管道引起穿孔；

（4）管线接头处发生泄漏；

（5）引入连接点处发生泄漏；

（6）直接冲击引起损伤。

其中，地面沉降引起的管道破坏形式主要为纵向弯矩引起的横向断裂。

软土、回填土地基属于多相松散体，具有高压缩性、黏弹塑性、低抗剪切度等特点，而管土耦合作用、地基差异沉降导致土体运动不确定性，使得管道受力变得十分复杂。图 5-22 所示为建筑和交通载荷作用下引起的地基沉降及管道变形示意图，管道变形过大，易导致油、气、水的泄漏[127, 128]。

5.3.2　数值计算模型

由于结构的对称性，取 1/4 结构进行建模，轴向长度为 60 倍管径，Y 向和 Z 向分别为 7.5 倍管径和 15 倍管径。围土采用 Mohr-Coulomb 模型，黏聚力为 15kPa、摩擦角 15°、杨氏模量 20MPa、泊松比 0.3、密度为 1840kg/m³；管材为 X65、外径为 660mm、壁厚为 8mm；管土摩擦因数设定为 0.5。

5.3.3　计算结果分析

当地层沉降量为 300mm 时，管土变形如图 5-23 所示。由于管土相互作用，地层不均匀沉降导致了围土的不均匀变形，管道与围土并未完全接触；在非沉降区的上半部分围土与管道发生了分离，形成间隙，而管道下半部分与围土发生接触，围土被压缩；在沉降区，管道上部围土被压缩，其与管道上半部分接触；管道的最大应力并未发生在分界面，而是出现在分界面两侧的管道上半部分和下半部分。

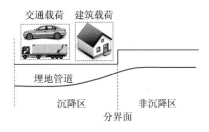
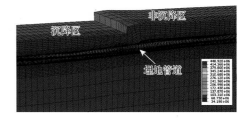

图 5-22　地表沉降作用下管道变形示意图　　　　图 5-23　地表沉降下的管土变形

当管道内部压力为 $0.2P_{max}$，不同沉降量下的管道等效应力云图如图 5-24 所示。在分界线两侧，出现了两个高应力区，最大应力出现在管道顶部和底部，而中间部分的应力却较小；沉降量越大，管道最大等效应力越大，管道的两个高应力区范围越大，且两个应力区域的间距也越来越大；沉降区中间截面的应力随着沉降量的增大而增大。

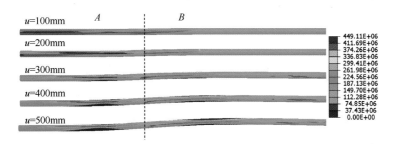

图 5-24　不同沉降量下的管道 Von Mises 应力

管道内部压力为 $0.2P_{max}$，不同沉降量下的管道变形曲线如图 5-25 所示。地层不均匀沉降下管道出现"Z"形变形，但在分界面处管道没有发生位移，沉降区和非沉降区的管道变形不同；沉降区，管道下沉量随地表沉降量的增大而增大，靠近中间沉降区的管道弯曲变形较小，最大弯曲变形段出现在 5~10m 处，且曲率半径随着沉降量的增大而减小；非沉降区，管道向上拱起，且拱起的幅度随着沉降量的增大而增大，最大弯曲变形出现在 20~25m 处，距离沉降区越远，管道的弯曲变形越小。因此，地表沉降量越大，管道的弯曲变形越大，越易发生失效。

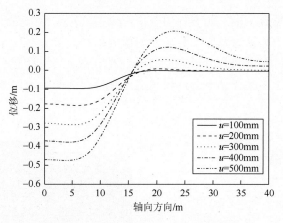

图 5-25　不同沉降量下的管道变形曲线

图 5-26（a）所示为不同沉降量下的管道轴向应变云图，管道两侧出现了较大的轴向应变，且轴向应变随着地表沉降量的增大而增大；在沉降区，管道顶部的轴向应变为压应变，底部为拉应变；在非沉降区，管道顶部的轴向应变为拉应变，底部为压应变。

图 5-26（b）所示为不同沉降量下管顶和管底轴向应变沿轴向分布曲线，当沉降量小于 300mm 时，轴向应变曲线较为光滑，而随着地表沉降量的增大，管道最大和最小轴向应变迅速增大，这意味着在该处发生了塑性变形。总的来看，管道轴向拉应变随着沉降量的变化较大，而压应变的变化相对较小。

当管道应力超过屈服极限时，塑性应变就会出现，图 5-27 所示为不同地表沉降量下的塑性应变云图。整个管道出现了两处塑性变形，沉陷区的塑性应变大于非沉降区，最大等效塑性应变随着沉降量的增大而增大；沉陷区管道的塑性应变出现在管底，而非沉陷区管道的管底首先发生塑性变形，而后管顶也出现了塑性变形。

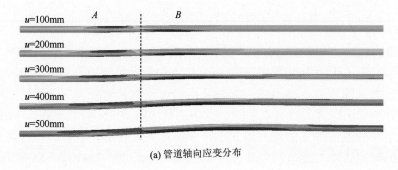

(a) 管道轴向应变分布

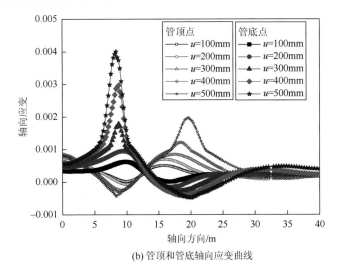

(b) 管顶和管底轴向应变曲线

图 5-26　不同沉降量下的管道轴向应变

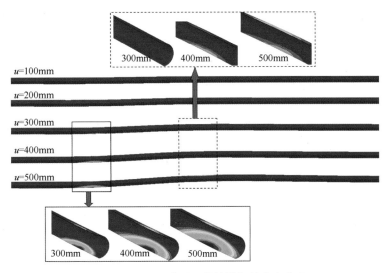

图 5-27　不同沉降量下的管道塑性应变分布

5.3.4　管道参数影响研究

1. 管道径厚比影响分析

当地表沉降量为 300mm、管道内压为 $0.2P_{max}$ 时，不同径厚比管道的应力应变响应如图 5-28 所示。随着径厚比的降低，管道最大 Von Mises 应力及高应力区逐渐减小。由于增大径厚比可以降低管道的刚度，在地表沉降和内压联合作用下，管道的总体应力及局部应力均随着径厚比的增大而增大；在管道弯曲曲线两个拐点处的曲率半径随着径厚比的增大而减小，因而薄壁管道在两个拐点处更容易发生屈曲；最大轴向应变随着径厚比的增大而增大，地表沉降量越大，轴向应变随径厚比的变化率越大。

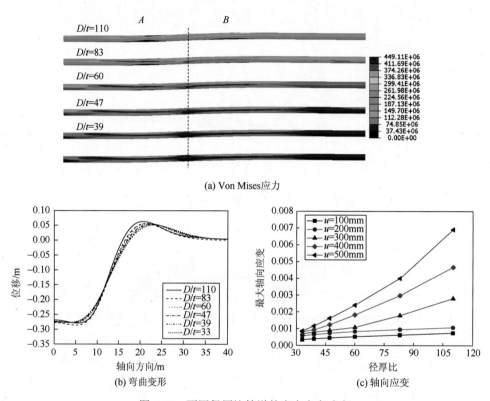

(a) Von Mises应力

(b) 弯曲变形　　　　　　　　　(c) 轴向应变

图 5-28　　不同径厚比管道的应力应变响应

表 5-4 为不同径厚比管道的最大等效塑性应变。当地表沉降量小于 200mm 时，管道不会发生塑性变形，仅发生弹性变形；最大塑性应变随着沉降量的增大而增大，随着径厚比的减小而减小。因而，管道不发生塑性变形时的地表极限沉降量随着径厚比的增大而减小。

表 5-4　　径厚比管道的最大等效塑性应变

沉降量/mm	径厚比 D/t					
	110	83	60	47	39	33
100	0	0	0	0	0	0
200	0	0	0	0	0	0
300	0.00222	0.00100	0.00010	0	0	0
400	0.00467	0.00260	0.00113	0.00036	0	0
500	0.00769	0.00410	0.00204	0.00101	0.00041	0.00006

2. 管道内压影响分析

当地表沉降量为 300mm、径厚比为 83 时，不同内压管道的应力应变响应如图 5-29 所示。

图 5-29（a）中，沉降区管道的 Von Mises 应力和高应力区随内压的变化较小，而非沉降区管道的 Von Mises 应力随着内压的增大而增大。

由图 5-29（b）可知，管道内压对其弯曲变形影响较小。因而，在计算管道弯曲变形时，管道内压的影响可以忽略。

由图 5-29（c）可知，压力管道的最大轴向应变随着内压的增大而增大，但是无压管道的最大轴向应变大于内压为 $0.4P_{max}$ 的管道。

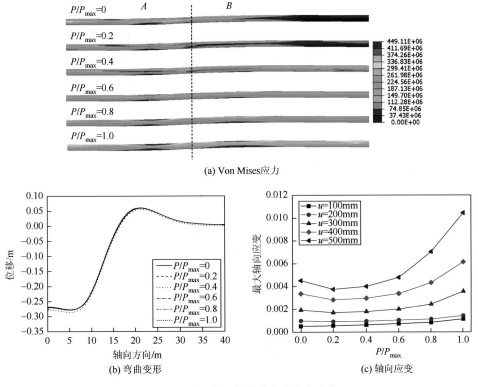

图 5-29　不同内压管道的应力应变响应

这是由于内压较小时，它可以抵抗由于地表沉降引起的管道变形。随着内压的增大，它对管道的局部变形影响较大，在内压和地表沉降联合作用下，管道轴向应变逐渐增大。因此，高压管道在地表沉降作用下更加危险，应该引起高度重视。

表 5-5 所示为地表沉降作用下不同内压管道的等效塑性应变。当管道内压小于 $0.8P_{max}$、地表沉降量小于 200mm 时，管道不会出现塑性变形。最大塑性应变随着内压的增大而增大。当管道内压达到极限值时，塑性应变达到最大值，即便较小的沉降量也会使得管道发生塑性变形。

表 5-5　不同内压管道最大等效塑性应变

沉降量/mm	内压 P/P_{max}					
	0	0.2	0.4	0.6	0.8	1.0
100	0	0	0	0	0	0.00051
200	0	0	0	0	0	0.00051
300	0.00112	0.00098	0.00100	0.00111	0.00146	0.00255
400	0.00287	0.00259	0.00260	0.00281	0.00363	0.00532
500	0.00445	0.00407	0.00410	0.00463	0.00678	0.01000

3. 管道埋深影响分析

当地表沉降量为 300mm、径厚比为 83 时，不同埋深管道的应力应变响应如图 5-30 所示。

由图 5-30（a）可知，管道最大应力和高应力区随着埋深的增大而减小，但是变化量较小。在沉降区，高应力区与分界面之间的距离随着埋深的增加而增大，而在非沉降区的变化较小。

由图 5-30（b）可知，非沉降区管道变形随埋深的变化较小，而沉降区管道的弯曲变形随埋深的增大而减小。这是由于埋深越深，管道上部的回填土就越厚，在管土耦合作用下，回填土形成的土拱效应就会随着埋深的增加越明显，从而导致管道弯曲变形较小。

由图 5-30（c）可知，管道最大轴向应变随着埋深的增加而减小，沉降量越小，这种变化规律越不明显。

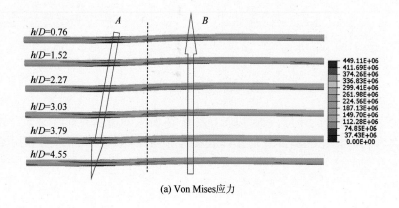

(a) Von Mises应力

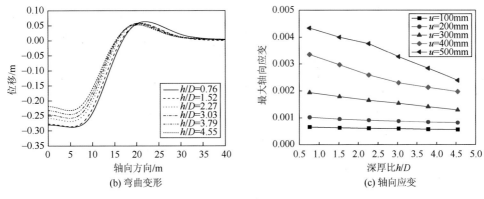

(b) 弯曲变形　　　　　　　　(c) 轴向应变

图 5-30　不同埋深下的管道应力应变响应

表 5-6 所示为不同埋深管道的最大等效塑性应变。当沉降量小于 200mm 时，管道不会发生塑性变形，最大等效塑性应变随着埋深的增加而减小。因而，埋深越深的管道受到地表沉降的影响就越小。

表 5-6　不同埋深比下的管道最大等效塑性应变

沉降量/mm	深厚比 h/D					
	0.76	1.52	2.27	3.03	3.79	4.55
100	0	0	0	0	0	0
200	0	0	0	0	0	0
300	0.00118	0.00100	0.00082	0.00065	0.00049	0.00033
400	0.00311	0.00260	0.00209	0.00168	0.00144	0.00123
500	0.00455	0.00410	0.00377	0.00310	0.00248	0.00186

5.3.5　围土参数影响研究

1. 围土弹性模量影响分析

当地表沉降量为 300mm、径厚比为 83、管道内压为 $0.2P_{max}$、埋深为 1m 时，不同弹性模量的围土对管道应力应变响应的影响如图 5-31 所示。

图 5-31（a）中，管道的高应力区范围随着围土弹性模量的增大而增大，同时两个高应力区之间的距离也逐渐增大。

图 5-31（b）中，围土弹性模量对沉降区管道的弯曲变形影响较小，而非沉降区管道的弯曲变形随着围土弹性模量的增大而增大。

图 5-31（c）中，管道轴向应变与围土弹性模量之间存在较大的非线性，当围土弹性模量小于 30MPa 时，管道轴向应变随着沉降量的增加而增加；当围土弹性

模量大于 30MPa 时，随着沉降量的增加，管道轴向应变先增大后减小。

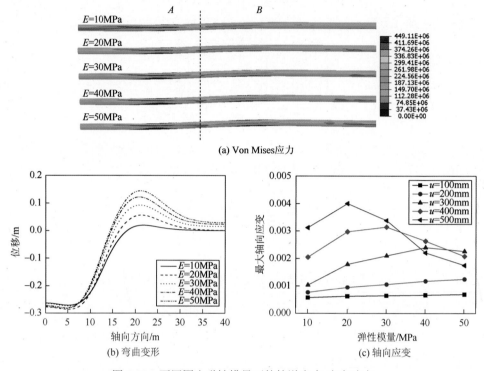

(a) Von Mises应力

(b) 弯曲变形

(c) 轴向应变

图 5-31　不同围土弹性模量下的管道应力-应变响应

表 5-7 为不同围土弹性模量下的管道最大等效塑性应变。围土弹性模量越大，管道在小沉降量作用下越易发生塑性变形；当地表沉降量大于 300mm 时，管道最大等效塑性应变随着围土弹性模量的增加呈现出先增大后减小的趋势。

表 5-7　不同围土弹性模量下的管道最大等效塑性应变

沉降量/mm	弹性模量/MPa				
	10	20	30	40	50
100	0	0	0	0	0
200	0	0	0	0.00013	0.00021
300	0.00001	0.00100	0.00135	0.00176	0.00157
400	0.00141	0.00260	0.00286	0.00215	0.00168
500	0.00288	0.00410	0.00328	0.00232	0.00168

2. 围土泊松比影响分析

当地表沉降量为 300mm、径厚比为 83、管道内压为 $0.2P_{max}$、埋深为 1m 时，不同泊松比的围土对管道应力应变响应的影响如图 5-32 所示。随着围土泊松比的增大，管道的最大 Von Mises 应力和高应力区先增大后减小；同时，两个高应力区的间距也逐渐增大。管道的弯曲变形随着围土泊松比的增大而增大，但是沉降区的管道变化较小。当地表沉降量小于 200mm，管道轴向应变随着围土泊松比的增加而增大；随着沉降量的增大，管道轴向应变随着围土泊松比的增大呈先增大后减小趋势变化；当沉降量大于 500mm 时，管道轴向应变随着围土泊松比的增大而减小。

表 5-8 所示为不同围土泊松比下的管道最大等效塑性应变，当围土泊松比小于 0.4 时，管道在地表沉降作用下的塑性应变较大；当沉降量为 300mm 时，管道最大等效塑性应变随着泊松比的增大而增大；当沉降量为 400mm 时，随着泊松比的增大，管道最大等效塑性应变先增大后减小；当沉降量为 500mm 时，管道最大等效塑性应变随着泊松比的增大而减小。

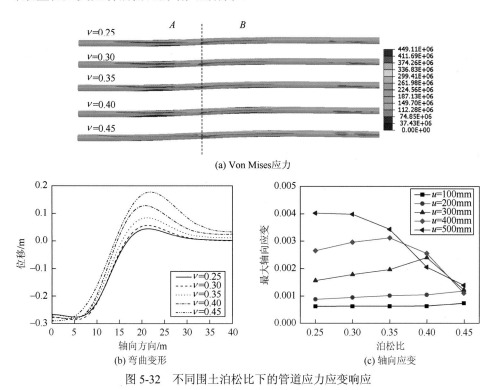

图 5-32 不同围土泊松比下的管道应力应变响应

表 5-8 不同围土泊松比下的管道最大等效塑性应变

沉降量/mm	泊松比				
	0.25	0.30	0.35	0.40	0.45
100	0	0	0	0	0
200	0	0	0	0	0.00014

续表

沉降量/mm	泊松比				
	0.25	0.30	0.35	0.40	0.45
300	0.00070	0.00100	0.00121	0.00176	0.00055
400	0.00219	0.00260	0.00285	0.00209	0.00055
500	0.00414	0.00410	0.00333	0.00210	0.00063

3. 围土黏聚力影响分析

当地表沉降量为300mm、径厚比为83、管道内压为 $0.2P_{max}$、埋深为 1m 时，不同弹性模量的围土对管道应力应变响应的影响如图 5-33 所示。随着围土黏聚力的增大，管道 Von Mises 应力逐渐增大，但两个高应力区的距离逐渐减小；围土黏聚力对管道弯曲变形的影响较小，但在两个拐点处，管道弯曲变形曲率半径随着黏聚力的增大而增加；管道轴向应变随着围土黏聚力的增大而增大，同时也随着地表沉降量的增大，该应变变化率逐渐增大。

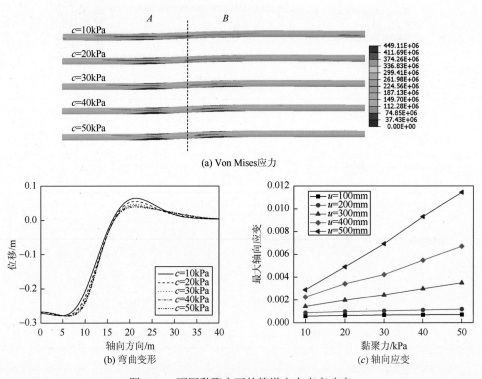

图 5-33　不同黏聚力下的管道应力应变响应

表 5-9 所示为不同黏聚力下的管道最大等效塑性应变，随着围土黏聚力的增大，

管道塑性应变逐渐增大。在相同沉降量作用下，围土黏聚力较大的管道更易出现塑性变形。

表 5-9　不同黏聚力下的管道最大塑性应变

沉降量/mm	黏聚力/kPa				
	10	20	30	40	50
100	0	0	0	0	0
200	0	0	0.00001	0.00008	0.00014
300	0.00055	0.00127	0.00189	0.00261	0.00327
400	0.00163	0.00323	0.00435	0.00610	0.00776
500	0.00261	0.00533	0.00824	0.01164	0.01461

第6章 地表超载区埋地管道力学行为研究

6.1 超载区管道数值计算模型

6.1.1 数值计算模型

图 6-1 为地表面超载作用下埋地管道示意图，对于沟埋管道，其所受垂直土压力分为两部分：①由回填土料自重产生的随埋深增加而增加的管顶土压力；②由地表载荷使回填土发生相对位移而施加到管道上的附加载荷，随埋深的增加而减小。

假设地面超载区域为矩形，载荷均匀分布。回填土厚度为 1m，地表载荷区域为 3.0m×1.6m，埋地管道直径为 660mm、壁厚为 8mm，管道内压为 1MPa。

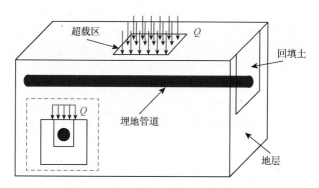

图 6-1　地表面超载埋地管道示意图

以 X65 钢级管道为例进行分析，选用理想弹塑性 Mohr-Coulomb 模型来描述岩土的本构关系，回填土弹性模量 20MPa、泊松比 0.3、密度 1840kg/m³、黏聚力 15kPa、内摩擦角 15°，管土之间的摩擦系数为 0.5。对于软土地层，假定地层土体参数与回填土相同；对于硬岩地层工况，假定地层为石灰岩，其弹性模量 28.5GPa、泊松比 0.29、密度 2090kg/m³。

对模型做以下假设：地表载荷在占压区内为均布载荷，并作用在管道正上方；地层和回填土均为单相材料，且各向同性，不混合其他沙粒、石块；对模型底部进行固定约束，并对各个对称面施加对称载荷。

6.1.2 计算结果分析

为研究不同地层中埋地管道应力应变响应，分别对软土地层和硬岩地层中的埋地管道进行数值计算。图 6-2 所示为管道应力分布对比图，表明随着地表载荷的增大，管道高应力区和最大等效应力均逐渐增大。而且，在相同地表载荷作用下，软土地层中的埋地管道高应力区范围比硬岩地层中大，且最大等效应力较高。这是由于硬岩地层的变形较小，管沟限制了回填土的运动，因而增强了回填土的抗载能力。因此，在相同地表载荷作用下，软土地层中的埋地管道比硬岩地层更加危险，更易发生失效。

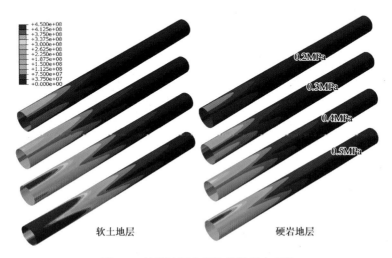

图 6-2　软硬地层中埋地管道应力对比

在地表载荷的作用下，管道横截面由圆形变为椭圆形。因而，采用椭圆度描述管道截面形状的变化。当地表载荷分别为 0.3MPa、0.4MPa 和 0.5MPa，软土地层中埋地管道的椭圆度分别为 19.4%、8.2% 和 5.0%，而硬岩地层中埋地管道的椭圆度分别为 7.2%、4.8% 和 3.0%。可见，硬岩地层中管道椭圆度较小，表明硬岩地层中管道比软土地层中管道更安全。当地表载荷不超过 0.5MPa 时，硬岩地层中埋地管道不会发生塑性变形，而软土地层中的埋地管道已在管顶出现了塑性变形。

6.2　软土地层超载对管道力学影响研究

6.2.1　载荷参数影响研究

1. 载荷大小影响分析

地表载荷越大，对埋地管道产生的附加力就越大，不同载荷大小作用下的埋地管道应力应变响应如图 6-3 所示。当地表载荷较小时，最大应力出现在载荷区域下方的管道顶部，且呈椭圆形分布。随着载荷的增大，管道最大应力逐渐增大，且高应力区沿管道轴向和周向扩展。随着载荷的持续增加，高应力区仍在管道上半部分，单管道下半部分的应力也继续增大。

图 6-3（b）中，当地表载荷小于 0.4MPa 时，管道未出现塑性变形。随着载荷的增大，椭圆形的塑性变形区域出现在管顶。当地表载荷大于 0.45MPa 时，管道的两边也出现了塑性区，管道最大等效塑性应变随着地表载荷的增大而增大，其变化率也逐渐增大。

图 6-3（c）所示为不同载荷下管道底部的位移及截面椭圆度变化。随着地表载荷的增大，埋地管道的沉降量逐渐增大。当地表载荷小于 0.2MPa 时，管道最大沉降量仅为 1.3mm。管道最危险截面的椭圆度随着地表载荷的增大而增大，当地表载荷小于 0.4MPa 时，管道仅发生弹性变形，且椭圆度变化率非常小。当进入非弹性阶段后，管道椭圆度较大且出现塑性变形，管道承载能力急剧降低。

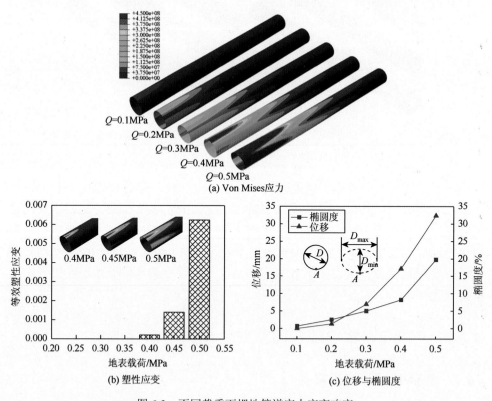

图 6-3　不同载重下埋地管道应力应变响应

2. 超载区域大小影响分析

地表载荷恒定时，载荷区越大，其对埋地管道产生的附加力就越大，这是由于地层是各向同性连续介质，地表载荷不仅影响下部地层，也会对邻近地层产生影响。当地表载荷为 0.5MPa、载荷区宽度为 1.6m 时，不同载荷区长度下的埋地管道应力应变响应如图 6-4 所示。

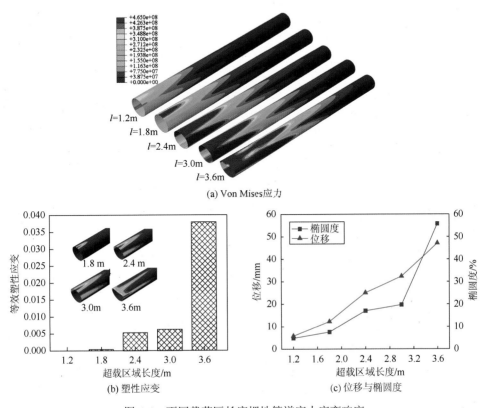

(a) Von Mises应力

(b) 塑性应变

(c) 位移与椭圆度

图 6-4　不同载荷区长度埋地管道应力应变响应

图 6-4（a）中，随着载荷区长度等增大，管道最大应力逐渐增大，高应力区沿着轴向扩展，同时也由管道上半部分向管道下半部分扩展。

图 6-4（b）所示为管道等效塑性应变。当载荷区长度小于 1.8m 时，管道没有出现塑性变形；随着载荷区长度增大，管道等效塑性应变和塑性区均增大；当载荷区长度为 3.6m 时，管道出现塑性屈曲，截面变为新月形，最大等效塑性应变出现在管道两侧而非顶部，且塑性变形区域远大于 3.0m 工况。因而，当地表载荷区超过 3.0m×1.6m 后，埋地管道的危险性明显增加。

如图 6-4（c）所示，管道沉降量随着载荷区长度增加而增大。当载荷区长度大于 1.8m 时，管道椭圆度大于 10%；而当载荷区长度为 3.0m 时，由于屈曲出现使得管道椭圆度迅速增加。

因而，不仅地表载荷大小影响埋地管道应力应变，同时载荷区长度也对其影响较大。应该严格控制埋地管道上方大面积超载情况的发生。

6.2.2　管道参数影响研究

1. 管道内压影响分析

当地表载荷为 0.5MPa、载荷区域为 3.0m×1.6m 时，不同内压管道的应力应变响应如图 6-5 所示。由内压引起的管道周向变形可以抵抗外载引起的管道变形。

图 6-5（a）表明载荷区部分管道的应力随内压的增加有所降低，但其余部分管道的应力则随内压的增大而增大。在载荷区下方，无压管道的高应力区最大；对于压力管道，高应力区只集中在管道顶部，且高应力区面积随内压的增大呈先减小后增大的趋势变化。这是由于内压较小时，地表载荷对管道的影响大于内压，随着内压的增大，它可以抵消部分地表载荷的影响，因而管道高应力区随内压的增大而减小；当管道内压较大时，内压对管道的影响非常明显，因而在内压和地表载荷的联合作用下，管道高应力区逐渐增大。因此，地表超载作用下的无压管道比压力管道更容易发生失效。

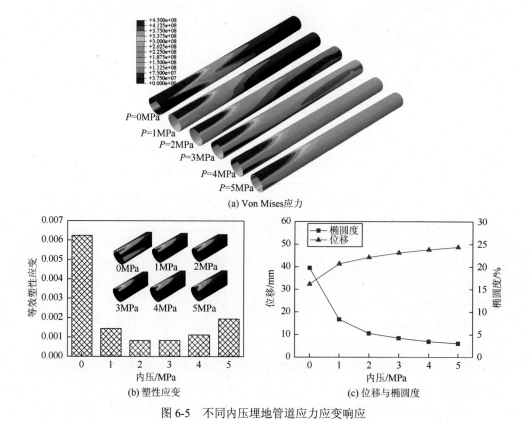

(a) Von Mises应力

(b) 塑性应变　　　　　　　　　　(c) 位移与椭圆度

图 6-5　不同内压埋地管道应力应变响应

如图 6-5（b）所示，随着内压增大，管道最大等效塑性应变先减小后增大，无压管道的塑性应变最大，塑性变形区主要出现在管道顶部，管道下半部分未发生塑性变形，无压管道的两侧也发生了塑性变形。随着内压的增大，椭圆形塑性区的长半轴逐渐减小，而短半轴则逐渐增大。当内压大于 2MPa 时，管道内压对其变形的影响较为严重。

图 6-5（c）所示为不同管道沉降量和椭圆度随内压变化曲线。随着内压的增大，管道沉降量逐渐增大，但变化率逐渐减小。由于高压管道的等效刚度较大，地表载荷能量更多地被围土吸收；而无压管道等效刚度较小，管道变形吸收了部分能量，因而围土吸收的能量相对较少，因而无压管道的沉降量最小。管道截面椭圆度随着内压的增大而减小，且其变化率也逐渐减小。

2. 管道径厚比影响分析

当地表载荷为 0.5MPa、载荷区域为 3.0m×1.6m 时，不同径厚比管道的应力应变响应如图 6-6 所示。表明随着径厚比的减小，管道最大应力和高应力区也逐渐减小；当径厚比为 110 时，管道高应力区最大。因而，地表超载作用下的薄壁管道更容易发生屈曲。

图 6-6（b）中，当径厚比为 60 时，管道未出现塑性变形。随着径厚比的增大，管道的塑性应变和塑性变形区域均增大。塑性变形区最先出现在管道顶部，随着径厚比增大，管道两侧也逐渐进入塑性区。对于薄壁管道，地表超载作用下易出现凹陷，截面呈新月形。

图 6-6（c）所示为不同径厚比管道的沉降量和椭圆度。表明随着径厚比的增加，管道沉降量先增大后减小，管道的临界径厚比为 60；当径厚比小于 60 时，管道处于弹性变形阶段，地表超载作用下的管道弯曲应变非常小，管道沉降量随着径厚比的增加而增加；当径厚比大于 60 时，管道进入塑性变形阶段，薄壁管道

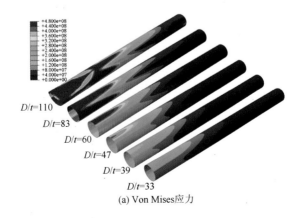

(a) Von Mises应力

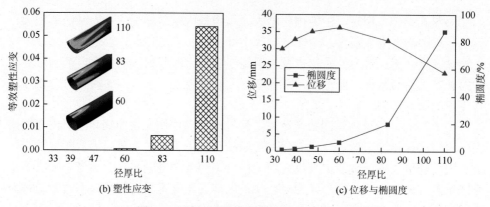

(b) 塑性应变　　　　　　　　　　　(c) 位移与椭圆度

图 6-6　不同径厚比埋地管道应力应变响应

吸收了较多的附加能量，因而管道沉降量随着径厚比的增大而减小。管道截面椭圆度随着径厚比的增大而增大，且其变化率也逐渐增大。

3. 管道埋深影响分析

地表载荷对管道产生的附加力随埋深的增加而减小。当地表载荷为 0.5MPa、载荷区域为 3.0m×1.6m 时，不同埋深下管道应力应变响应如图 6-7 所示。管道最大应力和高应力区随埋深的增加而减小，同时管道下半部分的应力也逐渐减小。因而，浅埋管道在地表超载作用下更容易发生失效。对于人类活动较为频繁的区域，可增加管道埋深以降低其失效概率。

图 6-7（b）所示为不同埋深管道塑性应变分布，管道最大等效塑性应变随着埋深的增加而减小。当埋深大于 1.5m 时，管道未出现塑性变形；而当埋深小于 0.5m 时，管道变形非常严重，出现了较大的凹陷区域。

图 6-7（c）所示为不同埋深管道的沉降量和截面椭圆度。管道沉降量随埋深的增加而减小，当埋深为 3m 时，沉降量仅为 7.83mm。管道截面椭圆度也随着埋

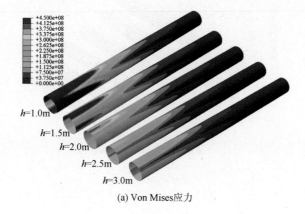

(a) Von Mises应力

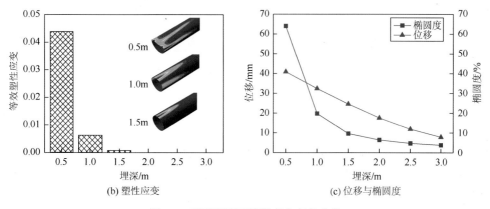

(b) 塑性应变　　　　　　　　　　(c) 位移与椭圆度

图 6-7　不同埋深下管道应力应变响应

深的增加而减小，且变化率也逐渐减小；当埋深为 1.5m 时，管道椭圆度为 9.6%。在弹性变形阶段，管道椭圆度的变化率非常小；因而，增加埋深是降低地表超载影响的有效途径之一。

6.2.3　围土参数影响研究

1. 围土弹性模量影响分析

围土是地表载荷与埋地管道的中间媒介，地表载荷对埋地管道产生的附加力通过围土作用在埋地管道上。因而，围土物理性质对管道应力应变有着重要影响。当地表载荷为 0.5MPa、载荷区域为 3.0m×1.6m 时，不同弹性模量围土中的管道应力应变响应如图 6-8 所示。

图 6-8（a）中，管道高应力区随着围土弹性模量的增大而减小，且管道下半部分的应力也随之减小。当 $E=10$MPa 时，压载区下方的管道发生屈曲，这是由于低弹性模量的围土变形较大，上覆土对管道作用力就越大所致。

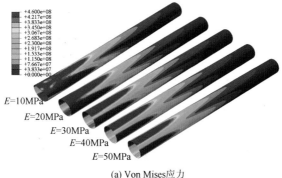

(a) Von Mises应力

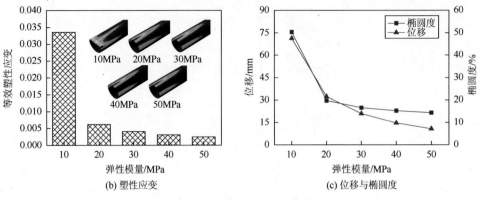

(b) 塑性应变　　　　　　　　　　(c) 位移与椭圆度

图 6-8　不同围土弹性模量中埋地管道应力应变响应

由图 6-8（b）可知，管道最大等效塑性应变随围土弹性模量的增加而减小。当 $E \geqslant 20$MPa 时，管道塑性应变的变化率非常小，且塑性应变分布较为接近。但当 $E=10$MPa 时，管道却出现了较为严重的塑性区，因而，在敷设管道回填时，需要严格关注回填土的选择。

图 6-8（c）所示为管道的沉降量和椭圆度，表明埋地管道的沉降量和截面椭圆度均随围土弹性模量的增加而减小，且其变化率也逐渐减小。

2. 围土泊松比影响分析

不同泊松比围土中埋地管道的应力应变响应如图 6-9 所示，不同泊松比围土中的管道应力分布基本相同。管道高应力区随着围土泊松比的增大而减小，但变化率较小。不同泊松比围土中的管道塑性应变分布也基本相同，最大等效塑性应变均出现在管顶，但它随着围土泊松比的增加而减小，当泊松比大于 0.3 时，塑性应变的变化率较小。管道沉降量和截面椭圆度均随着围土泊松比的增大而减小，当泊松比大于 0.3 时，管道椭圆度变化较小。

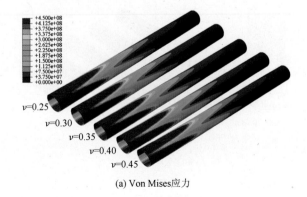

(a) Von Mises应力

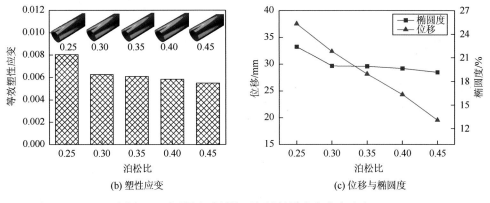

(b) 塑性应变　　　　　　(c) 位移与椭圆度

图 6-9　不同围土泊松比下埋地管道应力应变响应

3. 围土黏聚力影响分析

黏聚力体现了相同材料中邻近部分的相互吸引力。图 6-10 所示为不同黏聚力围土中埋地管道的应力应变响应。管道最大应力和高应力区均随着围土黏聚力的增大而减小。当 $c=10$kPa 时，压载区下方管道出现了一个较大的凹陷，管道截面变为新月形，表明当埋地管道位于砂土地层中时更容易发生失效。当 $c>30$kPa 时，管道最大应力仅出现管顶位置。

图 6-10（b）中，当 $c>30$kPa 时，管道不会出现塑性变形。管道最大等效塑性应变和塑性变形区均随围土黏聚力的增大而减小。当 $c=40$kPa 时，管道塑性变形区非常小。

图 6-10（c）所示为管道沉降量和截面椭圆度，二者均随围土黏聚力的增大而减小。在管道发生屈曲以前（$c \geqslant 30$kPa），管道沉降量和截面椭圆度的变化率均非常小。因而，对于有埋地管道的砂土地层、粉土地层或其他黏聚力较小土体，必须严格控制地表载荷的大小，降低埋地管道的失效几率。

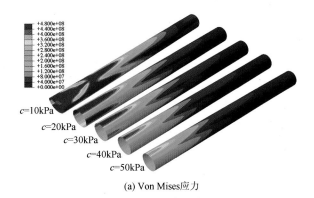

(a) Von Mises应力

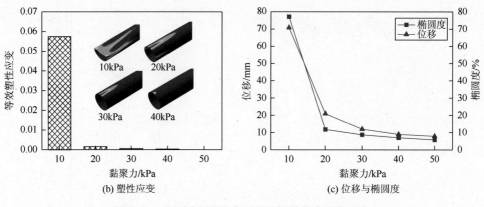

(b) 塑性应变　　　　　　　　　　(c) 位移与椭圆度

图 6-10　不同围土黏聚力下埋地管道应力应变响应

6.3　硬岩地层超载对管道力学影响研究

6.3.1　超载参数影响研究

1. 载荷大小影响分析

图 6-11（a）所示为不同载荷大小下埋地管道等效应力云图。管道高应力区主要集中于载荷区下方管顶，且距载荷区越远应力越小。随着地表载荷增大，管道应力逐渐增大，高应力区范围扩大。当地表载荷达到 0.7MPa 时，管道左右两侧也出现应力集中。

如图 6-11（b）所示，随着地表载荷增大，管顶部逐渐出现塑性变形。当地表载荷小于 0.5MPa 时，埋地管道不发生塑性变形，具有较好的工作能力。当载荷大于 0.6MPa 时，管道顶部出现塑性变形，管道进入塑性阶段。塑性区随着载荷增大而扩大，但管道底部并未发生塑性变形。

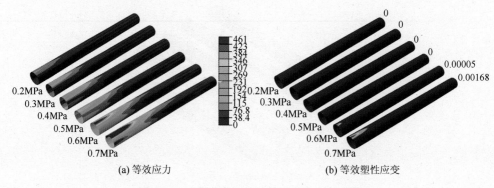

(a) 等效应力　　　　　　　　　　(b) 等效塑性应变

图 6-11　不同载荷下埋地管道应力应变云图

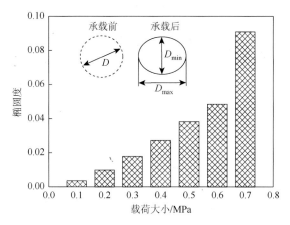

图 6-12　不同地表载荷下管道椭圆度

图 6-12 所示为不同载荷大小作用下管道椭圆度。即使地表载荷为 0.1MPa，管道截面也发生了椭圆形变。随着载荷增大，管道椭圆化变形越来越严重。由于管土耦合作用存在多种非线性因素影响，表现为管道的椭圆度与地表载荷亦呈非线性增长关系。随着地表载荷的增大，椭圆度变化率逐渐增大。

2. 超载区域大小影响分析

当矩形载荷区宽度为 0.8m、载荷大小为 0.7MPa 时，不同载荷区长度下的管道等效应力云图如图 6-13（a）所示。当载荷区半长为 0.9m 时，管道高应力区范围最小，且左右两侧并未出现高应力区。随着载荷区长度增加，管道高应力区域沿轴向扩大。当载荷区半长超过 1.5m 后，管道左右两侧应力集中显著。

图 6-13（b）为不同载荷区长度下管道塑性应变云图。当载荷区半长小于 1.8m 时，最大塑性应变及塑性变形区随载荷区长度的增加而增大。载荷长度超过某一临界值后，管道抵抗附加载荷的能力上升。因而，当载荷长度为 2.1m 时，虽然最大塑性应变小于 1.8m 工况，但塑性变形区却明显更大。

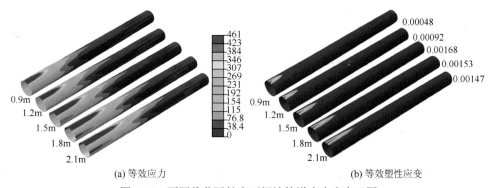

(a) 等效应力　　　　　　　　　　　　　　(b) 等效塑性应变

图 6-13　不同载荷区长度下埋地管道应力应变云图

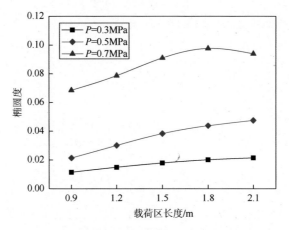

图 6-14　管道椭圆度随载荷区长度变化曲线

　　管道椭圆度随载荷区长度变化曲线如图 6-14 所示。当地表载荷大小为 0.3MPa 和 0.5MPa 时，管道椭圆度随载荷区长度的增加而增大，但是变化率却逐渐降低。但当载荷为 0.7MPa 时，管道椭圆度呈先上升后下降趋势变化，当载荷区长度为 2.1m 时，虽然管道中间截面的椭圆度有所减小，但轴向方向的变形区则较长。

6.3.2　管道参数影响研究

1. 管道内压影响分析

　　地表载荷为 0.7MPa 时，不同内压下埋地管道等效应力如图 6-15（a）所示，管顶高应力区域随着内压增加逐渐减小。而无压管道顶部发生凹陷，出现了显著屈曲，左右两侧高应力区迅速延伸至与顶部高应力区相同长度。图 6-15（b）中，无压管道的塑性应变最大，左右两侧均出现塑性变形。

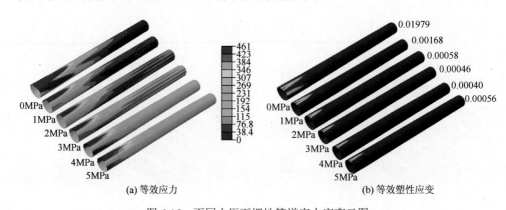

(a) 等效应力　　　　　　　　　　　　　　(b) 等效塑性应变

图 6-15　不同内压下埋地管道应力应变云图

因而，在管道敷设完成后运行之前，一定要做好管道防护工作，避免管道受到地表载荷或意外冲击。当内压为 0~4MPa 时，管道塑性变形区及塑性应变随内压增大而减小。但当内压升至 5MPa 时，塑性应变却有所增大，这是由于管道内压与外载联合作用导致了塑性应变增大。

图 6-16 所示为管道椭圆度随内压变化曲线。表明地表载荷作用下，管道椭圆度均随内压增大呈现下降趋势，且椭圆度变化率逐渐减小。对于无压管道，0.7MPa 地表载荷下的椭圆度已经达到 0.25，表明管道已发生了明显的周向失稳。

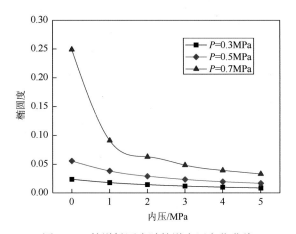

图 6-16　管道椭圆度随管道内压变化曲线

2. 管道壁厚影响分析

管道壁厚影响其刚度，进而直接影响管道的稳定性。随着壁厚增加，管道刚度随之增加，稳定性加强。图 6-17（a）所示为不同壁厚下管道的等效应力云图，当壁厚为 6mm 时，管道应力集中严重，出现失稳。管道顶部高应力区及最大等效

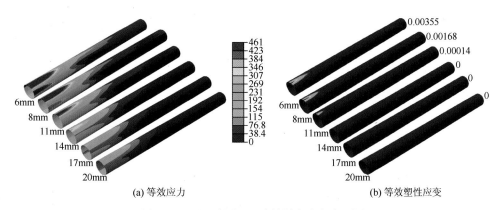

(a) 等效应力　　　　　　　　　(b) 等效塑性应变

图 6-17　不同壁厚下埋地管道应力应变云图

应力均随壁厚的增加而降低。由图 6-17（b）可知，当管道壁厚大于 14mm 时，管道不会出现塑性变形，当壁厚小于 14mm 时，最大塑性应变随壁厚增加而逐渐降低，且塑性变形区也随之减小。

图 6-18 为管道椭圆度随管道壁厚变化曲线。随着壁厚增加，管道椭圆度逐渐降低。地表载荷越大，管道椭圆度随壁厚的变化率越大。当壁厚为 20mm 时，三种载荷作用下的椭圆度十分相近，管道椭圆度随壁厚的变化呈非线性关系，说明厚壁管道能够承受更大的土体外载。

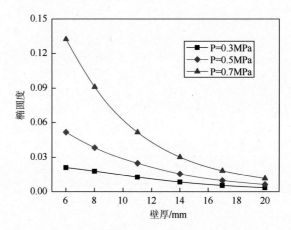

图 6-18　管道椭圆度随管道壁厚变化曲线

6.3.3　回填土刚度影响研究

相对硬岩地层，回填土体刚度较低、变形较大，因而回填土材料属性对管道应力应变影响较大。对于软性黏土，其弹性模量为 5～20MPa；对于普通黏土，弹性模量为 30～50MPa。

当地表载荷大小为 0.7MPa 时，不同回填土中管道等效应力如图 6-19（a）所示。当回填土弹性模量为 10MPa 时，由于地表载荷作用下土体发生较大变形，管道所受附加应力最大，顶部高应力区域范围最大，管道两侧也出现了明显应力集中现象。随着回填土弹性模量增大，管道高应力区逐渐减小，管道两侧应力集中区也逐渐消失。

图 6-19（b）中，回填土弹性模量在 10～50MPa 时管道均发生了塑性变形，但塑性区和塑性应变随回填土弹性模量增加而减小。当回填土弹性模量达到 50MPa 时，管道等效塑性应变仅为 0.00004，是回填土弹性模量为 10MPa 时管道塑性应变的 1/79，这充分说明了回填土弹性模量对埋地管道的变形具有重大影响。

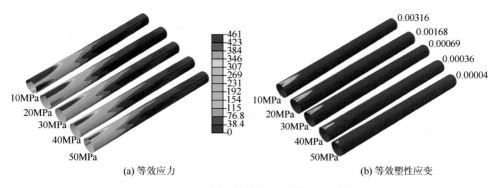

(a) 等效应力　　　　　　　　　　(b) 等效塑性应变

图 6-19　不同回填土弹性模量下管道应力应变云图

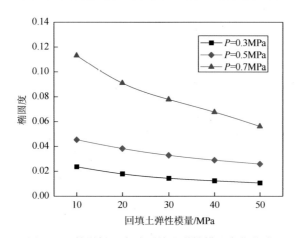

图 6-20　管道椭圆度随回填土弹性模量变化曲线

　　管道椭圆度随回填土弹性模量变化曲线如图 6-20 所示，埋地管道的椭圆度随土体弹性模量增加而减小。地表载荷大小为 0.3MPa 和 0.5MPa 时两条曲线变化趋势相近，且管道的椭圆度相对较小；当地表载荷达到 0.7MPa 时，管道的椭圆度随回填土弹性模量增加而迅速下降。因而，在一定范围内的回填土料越硬，管道形变越小。不论哪种载荷下，管道椭圆度与土体弹性模量均呈非线性关系。

第7章 定向穿越管道力学分析

7.1 定向穿越管道失效分析

7.1.1 定向穿越铺管技术

非开挖技术是指在不开挖或少开挖的条件下，利用地质工程等技术手段（主要是钻掘技术和物探技术）对地下各类管线进行设计、铺设、修复、更换和评估的一门新兴高新技术。20 世纪 70 年代初，美国人克林顿·马丁将定向钻探技术和传统铺管技术结合起来，发明了定向钻铺管技术。定向钻技术以其精确导向、施工周期短、综合效率高、不影响地表环境等优势，在石油天然气等相关行业的管道施工中得到了快速发展，具有良好的应用前景。

我国 1985 年由中国石油天然气管道局首次从美国引进定向钻施工技术，用于长输黄河的管道穿越施工。近 10 年来，水平定向钻在我国得到了迅速发展，随着国内钻机数量和吨位的增加，定向钻穿越的工程量和单穿长度不断增加。

定向钻的主要工序主要包括钻导向孔、扩孔、修（洗）孔和管道回拖，具体施工过程如图 7-1 所示。其施工过程可分为三个阶段[129]：

（1）钻导向孔。从入土点开始，按照设计曲线，钻一条作为预扩孔和回拖管线的引导孔。

（2）扩孔。采用扩孔器对导向孔进行多次扩孔至所需要孔径，达到管道回拖施工的孔径要求。

（3）回拖。将钻杆、扩孔器、回拖活节、被安装管线依次连接好，从出土点开始，一边修孔一边将管道回拖至入土点为止。

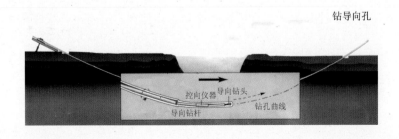

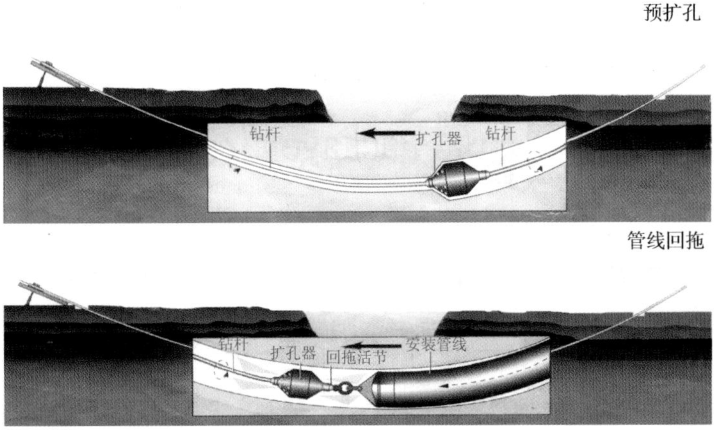

预扩孔

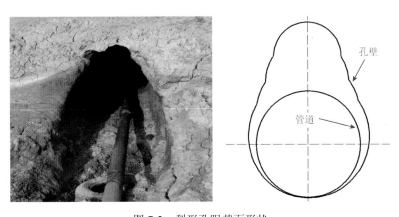

管线回拖

图 7-1 定向钻施工过程示意图

大口径管道进行穿越施工时，需要进行多级扩孔，才能到达所需要的孔径。而由于扩孔器和钻杆的重力作用，导致扩孔器下沉和下切现象较为严重，形成如图 7-2 所示的梨形或葫芦形孔眼截面。这不仅会延误工期、增加材料消耗与施工成本，而且大口径孔壁的稳定性也较差，穿越管道的运营风险也随之增大。

孔壁

管道

图 7-2 梨形孔眼截面形状

7.1.2 运营过程中穿越管道失效分析

近年来，在长输油气管道建设中，水平定向钻穿越的管径越来越大，穿越地质环境越来越复杂，对定向钻穿越技术的要求越来越高。特别是对砂层、砾岩、破碎岩层、含砾松散砂层等地质条件下定向钻穿越施工作业时，在管道回拖过程中极易造成管道防腐层破坏，甚至局部变形，破坏了管道的完整性。

而当穿越管道在后期运营过程中，由于地层变形等引起的管道局部凹陷、瘪管等现象将直接危害管道的安全性及油气的正常输送。比如穿越长江的管道一旦失效、油气输送中断，必将严重影响下游数以万计的企业及居民的生产、生活；而目前又无较好的技术与装备能够实现对江下穿越管道的快速修复，只能重新进行新穿越管道的施工作业，不仅消耗时间，而且耗费成本巨大[8]，对下游油气用户的影响更大。因此，研究穿越管道的失效机理、提出穿越管道的防护措施，具有巨大的工程实践意义。

穿越管道所受载荷主要有永久载荷、可变载荷及偶然载荷三类。

永久载荷主要有管道的自重，包括管道自身重力、管道防腐保温层的重力等；管内输送原油的内压力；管内输送原油的重力；土壤垂直载荷与土壤侧向载荷；温度变化产生的载荷；输送管道受热膨胀引起的载荷等。

可变载荷主要有试水时的水重力载荷；通球清管时的载荷；施工中产生的载荷；由于内部或外部因素产生的冲击力等。

偶然载荷主要有地震时引起的地震载荷，及断层运动、地层沉降等不良地质现象引起的载荷等[8]。

1. 穿越管道凹陷分析

当在砾石层、硬岩层、软硬交错层等地层完成管道穿越施工后，油气管道与孔壁直接接触。随着地质条件的变化，孔壁逐渐变形、失稳，甚至垮塌，导致孔壁周围的砾石或可能直接与管道接触，从而引发管道的局部凹陷，如图7-3所示。

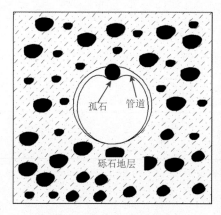

图7-3　孤石挤压管道示意图　　　　图7-4　现场开挖后地质情况及管道局部变形

图7-4所示为对某穿越管道现场开挖后的围土地质情况及管道变形。可知，管道孔壁的围土中含有大量的孤石，由于孤石的硬度远大于软土和砂土，在地质作用下，孤石不断挤压穿越管道，造成管道表面防腐层出现大面积损伤，且管道局部变形较为严重。

管道出现局部凹陷，不但会破坏管壁的防腐层，造成管道过早发生腐蚀失效；

而且易在凹陷部位产生裂纹，在内压和外载作用下裂纹不断扩展，引起管道爆裂。同时，管道中油气压力的变化，可能导致凹陷部位的管壁发生疲劳失效。

以某穿越工程为例，穿越长度 2090m，穿越管径为 610mm，主要地质为砾岩、砂砾岩，定向穿越砾石、砂砾岩量达 40%～60%。基岩穿越长度约 1766m，其中砾岩 686m（最大饱和单轴抗压强度为 39.7MPa），砂砾岩 543m（最大饱和单轴抗压强度为 20.3MPa，最小仅 0.13MPa），砂岩夹薄层泥岩 537m（砂岩最大饱和单轴抗压强度为 59.7MPa，泥岩最大饱和单轴抗压强度为 11.3MPa），黏土、粉质黏土、粉细砂等普通地层穿越长度为 324m。

该穿越过程中，本该是同一深度、同一岩性的地质结构，但由于地壳板块运动作用形成了 12 处地质断裂带（水下 7 处、陆地 5 处），导致岩层岩性交错分布、软硬频繁变化分布不均。虽然该工程管道穿越成功，但是这种复杂地层及地质作用将对后期油气管道的正常运营带来较大的安全隐患。

2. 管道挤毁分析

孔壁稳定性较好时，穿越管道在地层中主要承受管道自重、流体重力、流体压力以及不规格井壁对管道的挤压力。一旦孔壁失稳，围土将会发生垮塌，将管道淹没，此时管道还要承受围土的重力及地应力；另外由于地下水渗流、采空区塌陷或地震等地质灾害作用，孔壁周围的地应力发生变化，将会加剧孔壁的垮塌范围，使得大面积孔壁失稳、垮塌，造成穿越管道大段被淹没，此时管道将需承受巨大的土压力。

在土压力作用下，管道截面可能发生不规则变形，如图 7-5 所示。随着外载的增大，管道刚度不足支撑外围土压力，管道将被压瘪，形成如图 7-5 所示的"8"字形截面。

图 7-5　地层作用下穿越管道失效

7.2　孤石作用下管道凹陷行为研究

7.2.1　数值计算模型

为研究穿越管道的凹陷力学行为，根据穿越管道的工程实际，建立孤石挤压穿越管道的数值计算模型。管道直径为660mm，管材为X65，管道壁厚为8mm；地层土质为粉质黏土，弹性模量为20MPa、泊松比为0.3、黏聚力为15kPa、摩擦角为15°、密度为1840kg/m³、孔眼最大孔径为860mm；孤石材料为石灰岩，弹性模量为28.5GPa、泊松比为0.29、黏聚力为6.72MPa、摩擦角为42°、密度为2090kg/m³。

由于孤石形状千变万化，为了便于研究，将孤石几何形状假设为球形体。对于压力管道，还需对管道内部施加压力载荷以模拟管道内部流体压力作用；对孤石施加位移载荷以模拟地层变形引起的运动；设置管道与岩土表面之间的摩擦系数为0.5。

7.2.2　数值计算模型验证

由于数值模拟所采用的网格大小和边界条件对计算结果影响较大，因而为了验证所建立的数值计算模型的可靠性，需将其与实验结果进行对比分析。

文献[130]对方形压头挤压钢管进行了实验测试，测试钢管的下面为刚性基础，两端固定，采用90°压头对钢管进行侧向挤压。测试管道长度为2.4m，直径为140mm，壁厚为2.555mm，测试钢管的应力应变曲线如图7-6所示。

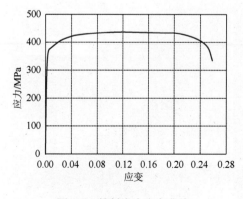

图7-6　管材应力应变曲线

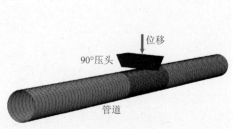

图7-7　有限元计算模型

由于钢管为薄壁结构，建立与文献实验测试用钢管相同尺寸的壳模型，采用四结点曲面薄壳单元对钢管模型进行网格划分，在受挤压部位附近的网格进行细化；采用八结点线性六面体单元对压头进行网格划分；划分网格后的有限元模型如图 7-7 所示。根据实验工况，对管道进行固定约束，对压头施加位移载荷。

图 7-8 所示为实验测试与数值仿真得到的管道变形。由图可知，数值计算得到的管道屈曲变形与实验结果吻合较好，在管道中部形成了一个"V"形凹陷。由于钢管下端为刚性基础，因而管道下表面呈扁平状。

图 7-9 所示为两种方法测试管道变形-载荷曲线，横坐标为归一化后的管道凹陷深度，纵坐标为归一化后的外部载荷。可知，数值计算曲线与实验测试曲线的吻合度较高，从而验证了所建立的数值计算模型较为可靠，所采用的网格大小较为合理，可以较准确地模拟侧向挤压作用下管道的变形。

虽然仿真计算结果与实验测试结果的吻合性较好，但二者之间仍存在一定的误差，主要是由于管道几何形状与实际加载情况可能不完全一致，以及管材中残余应力的作用所致，但可见仿真模拟计算结果的精确度完全可以满足工程应用的要求。

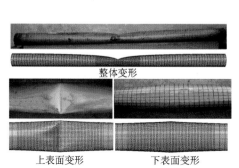

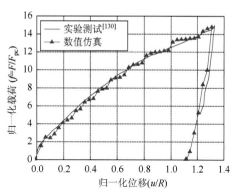

图 7-8　实验测试[130]与仿真计算的管道变形　　图 7-9　两种方式测得管道变形-载荷曲线

定义：

$$F_{pc} = \sigma_y t^2 (D/t)^{0.5} / 4 \qquad (7\text{-}1)$$

式中，σ_y——管材屈服极限；

　　　t——管道壁厚；

　　　D——管道直径；

　　　u——管道凹陷深度；

　　　R——管道半径。

7.2.3　无压管道凹陷行为研究

1. 计算结果对比分析

为对比不同管材的凹陷变形情况，分别对 X65 和 X80 管材的管道进行模拟仿真，图 7-10 所示为两种管材管道变形-载荷曲线。由图可知，两条曲线在初始阶段基本吻合，随着孤石对管道挤压程度的变化，两条曲线的差别逐渐增大。

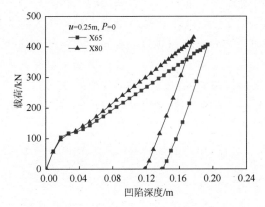

图 7-10　X65 和 X80 管道变形-载荷曲线

由于两种管材的弹性模量和泊松比基本相同，因而两种管材的管道在弹性变形范围内的变形所需要的载荷基本相同；随着外载荷的逐渐增大，由于 X65 管材的屈服应力小于 X80，因而 X65 钢管首先发生塑性变形；外载荷的进一步增大使得两种管道均产生凹陷，但是当产生相同深度凹陷时，X80 钢管所需要的外载荷更大，即 X80 钢管更不易发生屈曲变形；当孤石运动到极限位置时，X80 钢管的凹陷极限值小于 X65；随着外载荷的逐渐卸载，两种管材的弹性变形逐渐恢复，仅留下塑性变形，形成永久凹陷。

由于两种管材管道的变形过程基本相同，仅以 X65 钢管变形过程进行分析，图 7-11 所示为穿越管道在不同阶段的等效应力云图。当孤石开始挤压穿越管道时，管道顶部出现应力集中，且应力区域呈椭圆形分布，而管道下半部分的应力基本为 0；随着孤石的进一步作用，高应力区域逐渐沿管道轴向和周向进行扩展，管道凹陷开始产生，管道底部应力逐渐增大；孤石载荷的增大使得管道凹陷逐渐沿圆周和周向扩展，形成船形凹陷区域；当孤石载荷卸载后，管道的弹性凹陷部分恢复，形成了永久凹陷区域，沿着凹陷周围的残余应力较大。

图 7-12 所示为穿越管道在不同阶段的塑性应变云图。管道初始应变区域为椭圆斑；随着外载荷的增大，孤石与管道接触部位为椭圆形塑性变形，而两侧由于

向上拱起，也出现了反方向塑性变形；随着管道凹陷的进一步增大，塑性区域范围逐渐扩大，形成"山"字形区域，中心接触部位的等效塑性应变最大。

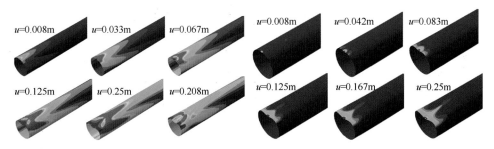

图 7-11　X65 管道不同阶段等效应力云图　　　图 7-12　X65 管道不同阶段塑性应变云图

2. 孤石运动影响分析

为研究孤石运动对穿越管道形变影响，分别将孤石加载至极限值，然后进行外载荷卸载，图 7-13 所示为不同孤石位移下的管道变形-载荷曲线。

可知，当孤石挤压程度不同时，相同材质管道在凹陷形成过程中的变形-载荷曲线相同，这说明管道变形-载荷曲线不受外部挤压程度的影响；但随着孤石位移量的增大，管道各凹陷的极限深度逐渐减小，说明随着挤压过程的进行，形成凹陷所需的外载荷逐渐增大；各个凹陷分别达到位移极限值后，随着外载荷的卸载，各凹陷的弹性变形逐渐恢复。

为了定量研究穿越管道凹陷变形，定义管道凹陷率 K 为

$$K=\delta_u/D\times100\% \tag{7-2}$$

式中，δ_u——管道最终凹陷深度，mm；

D——管道外径，mm。

定义管道回弹率 λ 为

$$\lambda=(\delta_{u\max}-\delta)/\delta_{u\max}\times100\% \tag{7-3}$$

式中，$\delta_{u\max}$——管道最大凹陷深度，mm。

图 7-14 所示为孤石位移量不同时的管道凹陷率与回弹率。可知，随着位移量的增大，管道的凹陷率逐渐增大，但是其增长率逐渐减小。说明在管道凹陷形成过程中，随着管道凹陷深度的增加所需要的外载荷逐渐增大，主要是由于凹陷深度的增加导致整个管道变形区域的增大，其所需要的能量也越大。

但是，管道凹陷回弹率的变化规律与凹陷率则刚刚相反，随着孤石位移的增大，管道凹陷的回弹率逐渐增大，而且回弹率曲线的斜率逐渐增大。当凹陷极限值为管径的 45%时，凹陷回弹率可达到 50%，说明管道的最终凹陷率仅为管径的22.5%。

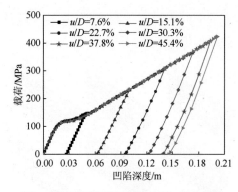

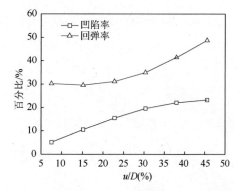

图 7-13　不同位移下管道变形-载荷曲线　　　　图 7-14　不同位移下的凹陷率和回弹率

在孤石作用下，不仅其与管道接触部位发生塑性变形，在接触区域附近也发生了塑性变形；距离接触区域越远，管壁发生的塑性变形越小，因而变形管道在纵向截面内的形状是"V"形。

图 7-15 所示为管道在纵向平面内的变形曲线，随着孤石位移的增大，管道的变形量逐渐增大，但其增长率逐渐减小。整个变形曲线可分为两段，本书采用分段函数对曲线进行数学描述。

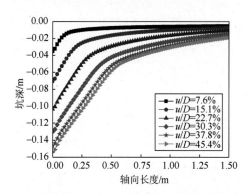

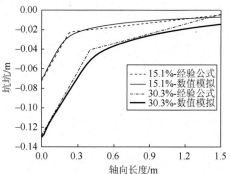

图 7-15　不同位移下的管道纵向截面变形　　　图 7-16　经验公式与数值计算对比

当管道径厚比 D/t=82.5 时，通过拟合，得到不同孤石位移 u 下管道的最大凹陷深度为

$$\delta(u) = (-0.97u^2 + u - 0.02)D \qquad (7\text{-}4)$$

以孤石与管道初始接触位置为坐标原点，轴向长度为 x，坑深为 y，则管道在纵向平面内的变形曲线为

$$\begin{cases} y(x) = 0.22x - \delta(u), & x \leqslant m \\ y(x) = 0.22m - \delta(u) + (0.155u^2 - 0.198u + 0.0126)(x-m), & x > m \end{cases} \qquad (7\text{-}5)$$

式中，m——拐点处的轴向坐标，表达式为

$$m = -1.8u^2 + 2u - 0.034 \qquad (7\text{-}6)$$

为了验证所得到的经验公式的准确性，采用经验公式和数值模拟对位移量为 15.1%和 30.3%的管道进行计算，得到两种计算结果，如图 7-16 所示。经验公式得到的曲线与数值计算结果的吻合性较好，可用其描述管道的纵向截面变形。

图 7-17 所示为不同孤石位移量下的管道塑性变形云图与最大等效塑性应变。随着孤石位移量的增大，管道最大等效塑性应变逐渐增大，但是其增长率是先增大后减小；管道的塑性变形区域由最初的椭圆形逐渐沿轴向和周向扩展，但是最大塑性应变区域仍是中心位置。

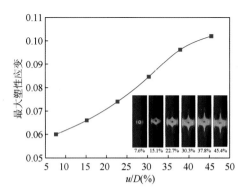

图 7-17　不同位移量下的塑性变形

3. 孤石尺寸影响分析

为研究孤石尺寸对管道凹陷变形的影响规律，分别对半径为 100~200mm 的孤石挤压穿越管道进行数值仿真。当孤石位移量为 0.38D 时，管道的变形-载荷曲线如图 7-18 所示，各个曲线的差别较小，可见孤石尺寸对管道的变形影响较小。

图 7-19 所示为不同孤石尺寸下的管道横截面变形，虽然对孤石采取了不同的半径进行计算，但是穿越管道中间横截面的变形基本相同，说明孤石的尺寸在一定范围内对管道变形影响较小。

4. 管道径厚比影响分析

穿越管道的壁厚越大，其刚度越大，抵抗外载荷引起的变形能力越强。对不同径厚比的穿越管道进行力学分析，图 7-20 所示为不同径厚比管道的变形-载荷曲线。

由图可见，径厚比越小，曲线的斜率越大，说明产生相同深度凹陷时，径厚比越小的管道所需要的外载荷越大。当孤石位移达到极限之后，径厚比较大的管道产生的凹陷深度越大，且所需的外载荷也较小。因而，径厚比较小的管道在孤石作用下更不易产生凹陷，其完整性更好。

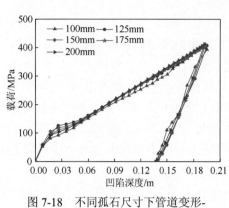

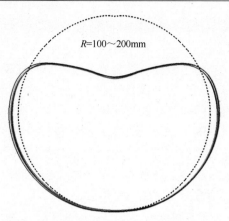

图 7-18　不同孤石尺寸下管道变形-　　　　图 7-19　不同孤石尺寸下管道横截面变形
　　　　　　载荷曲线

在穿越工程中，对于砾石层、软硬交错层等含孤石较多的地层段，可适当增加管道壁厚以提高其抗变形能力。同时，设计一种防止穿越管道变形或降低其失效风险的保护装置尤为必要。

当孤石位移量为 0.38D 时，不同径厚比管道的凹陷率和回弹率如图 7-21 所示。虽然管道的凹陷回弹率随着径厚比的增加而增大，但是变化率较小，说明径厚比对其变形回弹率影响较小；但是管道凹陷率随着径厚比的增大而逐渐增大，其变化率则逐渐减小。

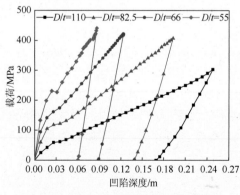

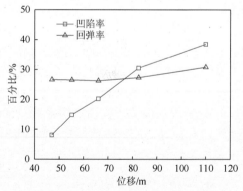

图 7-20　不同径厚比管道变形-载荷曲线　　　图 7-21　不同径厚比管道凹陷率与回弹率

图 7-22 所示为不同径厚比下的管道纵向变形曲线。可知，随着径厚比的增大，管道的凹陷深度与宽度逐渐增大。通过对比可知，管道变形曲线的两段曲线斜率不仅与孤石的位移有关，而且与管道径厚比有较大关系。

图 7-23 所示为不同径厚比下的管道塑性应变云图。随着径厚比的减小，穿越管道的塑性应变区域越小，中间部位的塑性应变较大。但是最大等效塑性应变并

未出现在管道与孤石的初始接触位置，主要是由于中心点最先发生弹性变形和塑性变形，而管道为薄壳结构，随着孤石的运动，中心点不再与孤石接触，孤石与管道的接触形状由椭圆斑变为椭圆环，管道后期的塑性变形主要是椭圆环的塑性变形。

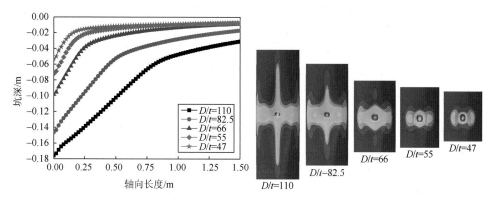

图 7-22 不同径厚比管道变形纵向截面变形   图 7-23 不同径厚比管道塑性应变云图

7.2.4 压力管道凹陷行为研究

1. 管道变形-载荷曲线关系

在地层作用下，孤石与管道的相互作用是一个复杂的过程。通过对无压穿越管道和压力管道的数值仿真，得到无压和压力管道的变形-载荷曲线分别如图 7-24 和图 7-25 所示。

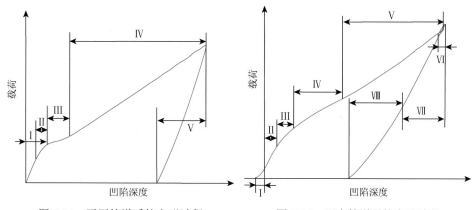

图 7-24 无压管道受挤变形过程   图 7-25 压力管道受挤变形过程

如图 7-24 所示，根据外载荷作用，无压管道的凹陷过程可分为以下几个阶段：

第Ⅰ阶段，外载荷作用在穿越管道上，管道发生弹性变形，当管道出现屈服时，该阶段停止；

第Ⅱ阶段，随着外载荷的增大，管道屈服扩展到全壁厚，但是由于弹性区的限制，该阶段变形不大；

第Ⅲ阶段，管道塑性变形沿环向扩展，管道的刚度大大降低，导致管道变形-载荷曲线出现一个平台区域；

第Ⅳ阶段，随着管道环向屈服后，其变形越来越大，管道的薄膜应变开始起支配作用，导致管道刚度增加，大范围出现塑性薄膜应变后，应变硬化开始起作用；

第Ⅴ阶段，随着外载荷的逐渐卸载，管道凹陷的弹性变形恢复，该阶段的卸载曲线与第Ⅱ阶段的加载曲线斜率大致相同，直到外载荷为0；

由于压力管道的凹陷是在外载荷与内压共同作用下形成的，如图7-25所示，压力管道凹陷过程可分为以下几个阶段：

第Ⅰ阶段，管道在内压作用下发生微小膨胀，但管道应力在弹性范围内，该阶段的变形是完全弹性的；

第Ⅱ阶段，外载荷作用在穿越管道上，管道发生弹性变形，当管道出现屈服时，该阶段停止；

第Ⅲ阶段，随着外载荷的增大，管道屈服扩展到全壁厚，但由于弹性区的限制，该阶段变形不大；

第Ⅳ阶段，管道塑性变形沿环向扩展，管道的刚度大大降低，该阶段的变形-载荷曲线斜率小于上一阶段；

第Ⅴ阶段，随着管道环向屈服后，其变形越来越大，管道的薄膜应变开始起支配作用，导致管道刚度增加，大范围出现塑性薄膜应变后，应变硬化开始起作用；

第Ⅵ阶段，由于穿越管道地基为弹性土地基，而压力管道的等效刚度较大，当外载荷进行卸载时，管道出现振动，该阶段变形-载荷曲线出现波动；

第Ⅶ阶段，随着外载荷的逐渐卸载，管道凹陷的弹性变形恢复，该阶段的卸载曲线与第Ⅱ阶段的加载曲线斜率大致相同；

第Ⅷ阶段，当外部载荷卸载到一定程度后，凹陷部位在管道内压作用下开始向外扩张，管道环向产生反方向的塑性应变，直到外载荷为0。

1980年，Furness和Amdahl基于刚塑性方法研究了管件的局部凹陷行为，推导了载荷与凹陷深度关系表达式，并被用于API RP 2A-WSD[130]。

$$F = 15M_p(D/t)^{0.5}(2\delta/D)^{0.5} \tag{7-7}$$

式中，F——凹陷载荷；

$M_p = \sigma_y t^2 / 4$——管道弯曲的塑性极限弯矩；

δ——凹陷深度。

Ellinas 和 Walker[131]运用半经验方法，通过假设两侧屈服区的长度为常量（相当于 3.5 倍管径），得到凹陷载荷与深度表达式：

$$F = 150 M_p (\delta_r / D)^{0.5} \tag{7-8}$$

式中，δ_r——回弹后的凹陷深度。

Ong 和 Lu[132]通过系列实验测试楔形压头挤压管件，得到管道压溃载荷与能量的表达式，并推导出刚性基础上端部自由管件的凹陷载荷与深度的关系：

$$F = 0.7 \sigma_y t^2 (D/t)^{0.5} (u/t)^{0.57} \tag{7-9}$$

由于穿越管道受孤石挤压模型与上述公式的前提条件不同，因而不能直接运用。同时，由于穿越管道下部为弹塑性基础，无压管道和压力管道的凹陷载荷与凹陷深度曲线差别也较大，需要进行数值模拟仿真研究。

2. 内压对管道凹陷影响分析

管道内压可增大其等效刚度，提高承受外载的能力。图 7-26 所示为承受不同内压管道的变形-载荷曲线。在加载阶段，管道内压越大，外载荷随着凹陷深度变化曲线的斜率越大，即高压管道产生凹陷所需的外载荷更大；孤石位移到相同极限位置时，管道承受的载荷基本相同，但是管道最大凹陷深度则随着内压的增大而减小；外载荷卸载后，压力越大，穿越管道的最终凹陷深度越小。

图 7-27 所示为不同内压下管道的凹陷率与回弹率。可知，随着内压的增大，管道凹陷率逐渐降低，且变化率逐渐减小；压力管道的回弹率则随着内压的增大而升高，无压管道的回弹率大于低压管道，小于高压管道。在内压作用下，管道沿径向方向膨胀，特别是凹陷部位的管壁在内压作用下向外的变形更大，因而内压增加了凹陷管道的回弹率。

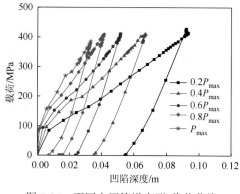

图 7-26　不同内压管道变形-载荷曲线

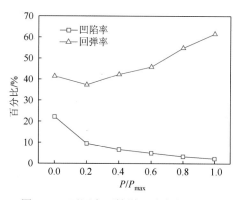

图 7-27　不同内压管道凹陷率与回弹率

　　图 7-28 所示为不同内压管道的纵向截面变形曲线。与无压管道相比，压力管道的凹陷在轴向范围的长度较短，且非凹陷部位的管壁变形较小；管道凹陷深度随着内压的增大而减小，其变化率逐渐减小；在低压管道凹陷边缘，管壁向下弯曲；而在高压管道凹陷边缘，管壁向上隆起，这是由于管内高压作用在过渡区，使其向外扩张。

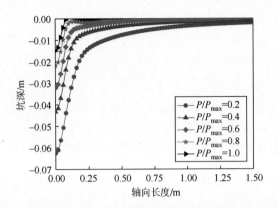

图 7-28　不同内压管道的变形纵向截面变形

7.3　穿越管道挤毁行为研究

　　当穿越管道的外部载荷超过管道的承载能力时，就会发生管道屈曲或挤毁现象。与埋地敷设管道不同，对于穿越管道来说，其穿越深度往往在数十米以上。一旦孔壁发生失稳，上层地表垮塌或沉降后，穿越管道需要承受巨大的外载荷。特别是穿越长江、黄河等大型工程的管道，管道除了承载围土的压力，还要承受孔隙流体的压力，而往往河床地层多为砂土，富含砾石，这更加剧了穿越管道的失效风险。

7.3.1　临界屈曲压力

　　无压管道更容易发生屈曲或挤毁，管道失去了截面圆度，发生挤毁的概率更大[133]。在管道穿越过程中回拖造成的局部损伤，以及在运营过程中孤石、硬岩等造成的管道凹陷等均会降低其承载能力。

　　1858 年，Fairbairn 就对管道的挤毁行为进行了研究，并通过实验揭示了径厚比和跨长对管道挤毁现象的影响[134]。1884 年，Levy 通过对薄壁圆环的分析，得到其在外载荷作用下管道被挤毁的临界载荷[135]：

$$P_{CR} = \frac{3EI}{r^3} \tag{7-10}$$

Bryan 在 1888 年对上述公式进行了改进，得到平面应变条件下无限跨长管道的临界屈曲载荷[136]：

$$P_{CR} = \frac{2E}{1-v^2} \frac{1}{(D/t-1)^3} \tag{7-11}$$

但这些研究结果均是弹性屈曲极限，没有考虑材料的屈服应力和硬化。Kyriakides 和 Corona 得到了具有初始椭圆度管道的挤毁压力[137]：

$$P_C = \frac{1}{2}\left\{ (P_0 + \psi P_C) - \left[(P_0 + \psi P_C)^2 - 4P_0 P_C \right]^{1/2} \right\} \tag{7-12}$$

式中，$\psi = \left(1 + 3f_0 \dfrac{D}{t} \right)$；

$\quad\quad f_0 = \dfrac{D_{max} - D_{min}}{D_{max} + D_{min}}$。

根据压溃的刚塑性圆环理论，Palmer 和 Martin 对屈曲传播压力进行了简单评估[138]：

$$P_P = \pi \sigma_0 \left(\frac{t}{D} \right)^2 \tag{7-13}$$

Steel 和 Spence 考虑管道材料的应变硬化特性，对多种规格和材料的管道进行大量的实验测试，得到与试验较为吻合的经验公式[139]：

$$\frac{P_P}{\sigma_0} = \frac{4}{\pi} \left(\frac{2t}{D} \right)^2 \left[1 + 2.07 \left(\frac{2t}{D} \right)^{0.35} \left(\frac{E_t}{\sigma_0} \right)^{0.12} \right] \tag{7-14}$$

式中，E_t——材料剪切模量。

另外，Kyriakides 从他对管道屈曲的扩展研究中得到一个与试验吻合度较高的经验公式[140]：

$$P_P = 39.25 \sigma_0 \left(\frac{t}{D} \right)^{2.5} \tag{7-15}$$

7.3.2　无缺陷管道挤毁行为研究

1. 无缺陷管道挤毁过程

为研究完整穿越管道在围土作用下的挤毁效应，建立相应数值计算模型。设定穿越管道所在地层为粉质黏土，考虑管土耦合作用及管材非线性。管道外径为660mm，壁厚为8mm，管材为 X65，管土之间的摩擦系数设定为 0.5。

通过计算，围土作用下无缺陷管道的挤毁过程如图 7-29 所示。可将无缺陷穿越管道的挤毁过程分为六个阶段：

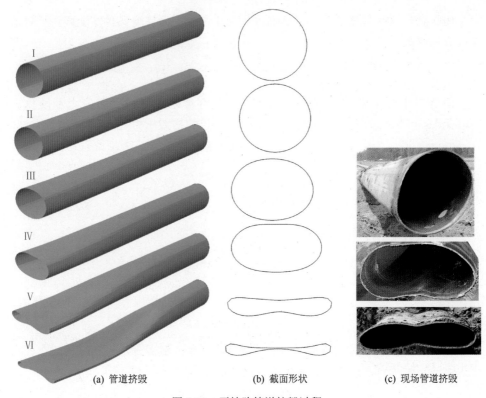

| (a) 管道挤毁 | (b) 截面形状 | (c) 现场管道挤毁 |

图 7-29　无缺陷管道挤毁过程

第Ⅰ阶段，穿越管道施工完成后，由于孔壁直径大于管道外径，管道处于无压状态时横截面呈圆形；当管道正常输送石油天然气时，在内压均匀作用下，管道横截面仍然呈现圆形。

第Ⅱ阶段，由于孔壁失稳，上层围土与穿越管道开始接触，管道需要承受上层岩土的压力，管道开始发生弹性变形，截面形状为椭圆状；但外载消失后，管道会恢复到原状。

第Ⅲ阶段，此阶段围土与穿越管道完全接触，管道需要承受较大的围土压力，管道开始出现塑性变形，管道横截面变为椭圆形或鸭蛋形，截面变形将极大地降低管道的承载能力。

第Ⅳ阶段，随着围土压力的进一步增大，椭圆形截面的短轴方向继续被压缩，此时穿越管道的承载能力进一步被削弱。

第Ⅴ阶段，围土压力作用下，椭圆形截面被压扁，并在上下管壁中心部位出现了凹陷，管道横截面呈葫芦形截面，形成了 4 个塑性铰；在塑性铰位置的管道弯矩最大，易产生裂纹或断裂，引发管道泄漏；同时沿管道轴向方向的屈曲长度增加，屈曲面积得到了扩展。

第Ⅵ阶段，当管道再也无法承受外载荷时，管道截面被彻底压扁，截面呈"8"字形，上下两个管壁发生接触；同时管道挤毁长度沿轴向得到进一步发展，形成大段穿越管道被压扁的失效形式。

图 7-30 所示为穿越管道在挤毁过程中的最大等效塑性应变曲线，对应于图 7-29，可将等效塑性应变曲线分为六个阶段。

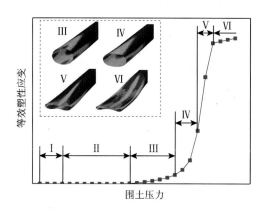

图 7-30　管道最大等效塑性应变曲线

第Ⅰ和第Ⅱ阶段中，管道主要发生弹性变形，因而等效塑性应变为 0。

在第Ⅲ阶段，穿越管道进入塑性变形阶段，等效塑性应变随外载的增大而缓慢增大，此时管道出现四个塑性应变区域。

第Ⅳ阶段，管道等效塑性应变随着外载的增大而迅速增大，高塑性应变区集中在两个塑性铰处。

第Ⅴ阶段持续的时间较短，塑性应变随着外载的增大继续增大。

第Ⅵ阶段，等效塑性应变出现了临界点，该阶段以屈曲沿轴向传播为主，等效塑性应变变化较小。

图 7-31（a）所示为某穿越扩孔回拖时管道挤毁形态，管道截面呈新月状（管道外径 711mm，壁厚为 8.7mm，径厚比为 81.72），主要是由于回拖过程中，井壁失稳造成管道承受较大外载荷，从而引起截面屈曲。图 7-31（b）和（c）分别为管道挤毁后管道的等效塑性应变和等效应力云图。

对比分析可知，数值模拟得到的管道截面形状与现场管道失效截面形状较为吻合，验证了所建立数值模型的准确性。管道截面形成了 4 个塑性铰，长轴对应位置的两个塑性铰处的管壁处的弯矩最大，而短轴相对位置的两个塑性铰处的弯矩次之。

图 7-32 所示为不同外载荷作用下管道截面积减小率曲线。初始阶段，由于外载荷较小，管道截面变为椭圆形，但并未发生屈曲，管道截面积的变化率较小；

当管道发生屈曲后，其横截面积迅速减小，曲线在该处形成了拐点；随着外载荷的继续增大，管道截面积以较大的速率减小，直至管道内壁发生接触；当管道内壁接触后，管道的截面积变化较小。

(a) 现场管道挤毁失效

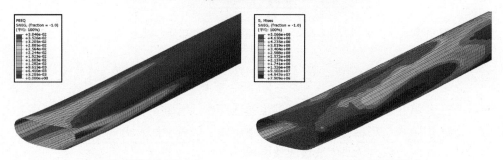

(b) 挤毁后管道等效塑性应变　　　　　　　(c) 挤毁后管道等效应力

图 7-31　现场管道挤毁与数值模拟对比

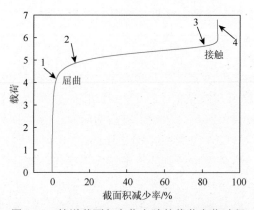

图 7-32　管道截面积变化率随外载荷变化过程

图7-33所示为径厚比为82.5的无压管道在地层中发生挤毁过程不同阶段的横截面应力云图。可知，当管道横截面为椭圆形时，截面积的变化率较小；当横截

面为葫芦形时,截面积出现了大幅度降低;而当横截面呈"8"字形时,管道的截面积变化率达到最大值 88.1%。

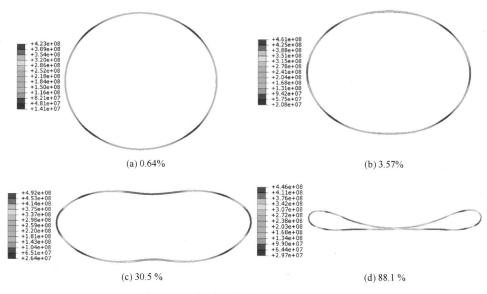

(a) 0.64%   (b) 3.57%

(c) 30.5 %   (d) 88.1 %

图 7-33 不同截面积减小率对应应力云图

穿越管道发生挤毁后,当管道内壁未发生接触时,管道横截面出现了 4 个高应力区和 4 个低应力区。特别是管道截面屈曲后,四个塑性铰处的等效应力最大。管道出现"8"字形横截面时,两侧内壁发生大面积接触,除了接触部位外,整个横截面中出现 6 个高应力区和 4 个低应力区。

2. 径厚比对管道挤毁行为影响分析

穿越不同地层的管道,当地层发生塌陷后,其承受的外载荷也不同。径厚比越大,管道的抗挤毁能力越低,更易发生挤毁事故。图 7-34 所示为不同径厚比管道的中间截面等效应力云图。随着围土压力的增大,管道横截面逐渐由椭圆形变

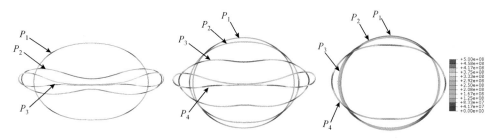

图 7-34 不同壁厚比管道截面等效应力

为葫芦形和"8"字形；相同外载荷作用下，管道的径厚比越小，其截面形状变化越小，越不容易发生屈曲失效。

表 7-1 所示为不同径厚比管道在不同围土压力作用下的截面积变化率。在第三种工况下，径厚比为 110 的管道的截面积变化率基本达到了极限值 91.358%，管道已经被彻底压扁；径厚比为 82.5 的管道的截面积变化率为 30.467%，而径厚比为 66 的管道的截面积变化率仅为 0.562%，说明小径厚比管道截面仍为椭圆形截面，并未发生屈曲。

表 7-1　不同径厚比管道的截面积变化率　　　　（单位：%）

围土压力/MPa		径厚比		
		110	82.5	66
P_1	0.45	5.604	0.641	0.086
P_2	0.63	66.456	3.571	0.281
P_3	0.75	91.358	30.467	0.562
P_4	0.90	92.192	87.939	6.940

图 7-35 所示为三种不同径厚比管道的侧边点的等效塑性应变随外载荷的变化曲线。由前文分析可知，穿越管道的顶部最先发生塑性变形，紧接着底部和两侧也出现塑性变形，在中间截面上形成了 4 个塑性应变区。

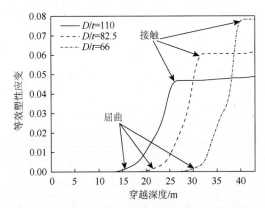

图 7-35　不同径厚比管道的某点等效塑性应变变化曲线

当管道侧边出现塑性变形后，塑性应变先有一个缓慢的上升期，此时管道截面仍为椭圆形；随后塑性应变出现了急速上升期，此时管道截面发生屈曲；当管道内壁发生接触后，侧边的等效塑性应变变化较小，达到一个平稳期，管道截面也被压缩为极限状态。径厚比越小，管道出现塑性应变的时期越晚，即管道适应地层的围土压力越大；同时，小径厚比管道被挤毁后产生的等效塑性应变越大。

7.3.3　凹陷管道挤毁行为研究

1. 凹陷管道挤毁过程

当穿越管道出现凹陷时，在地层压力作用下更容易发生挤毁，且其失效模式与完整管道的挤毁形式不同。为研究凹陷管道的挤毁过程，以前文中孤石挤压管道形成的凹陷为例，建立凹陷管道挤毁数值计算模型。首先在管道外壁上形成一个凹陷，然后对其进行挤毁分析。

图 7-36 所示为一个典型凹陷管道的挤毁过程及管道截面形状。根据分析结果，可将凹陷管道的整个挤毁过程分为五个阶段：

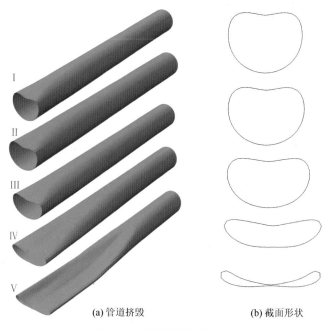

(a) 管道挤毁　　　　　　　　　(b) 截面形状

图 7-36　凹陷管道挤毁过程

第 I 阶段，穿越管道在孤石作用下形成凹陷后，管道中心截面呈心形，在管道上半部分形成了一个永久塑性凹陷，在围土与管道相互作用之前，管道截面一直保持该形状。

第 II 阶段，由于孔壁失稳，上层围土与管道开始接触，凹陷管道需要承受上层岩土的压力，凹陷管道在围土作用下第二次发生弹性变形，截面形状仍为心形，但较前阶段要更扁一些。

第 III 阶段，此阶段中围土与穿越管道完全接触，凹陷管道需要承受较大的围土压力，管道在围土压力作用下第二次发生塑性变形，管道横截面呈新月形，此阶段凹陷管道的承载能力极大降低。

第Ⅳ阶段，随着围土压力的进一步增大，新月形截面的短轴方向继续被压缩，形成葫芦形截面，形成 4 个塑性铰，在初始凹陷位置塑性铰处的弯矩大于相对位置的塑性铰，管道截面积大幅度降低。

第Ⅴ阶段，当管道再也无法承受外载时，管道截面被彻底压扁，葫芦形截面被压成"8"字形，上下两个管壁发生接触，管道两个外檐均向初始凹陷一侧翘起，同时管道挤毁失效沿轴向向远处传播，造成管道大面积挤毁失效。

图 7-37 所示为凹陷管道的最大等效塑性应变随围土压力变化曲线。对应于图 7-36，可将整条曲线分为五个阶段：

第Ⅰ阶段，管道在孤石作用下产生凹陷变形，因而其等效塑性应变为非零值，在围土未作用于管道之前一直保持该状态。

第Ⅱ阶段，在围土压力作用下，管道的等效塑性应变略微增加，但是由于该阶段凹陷管道主要是弹性变形，因而等效塑性应变为常值。

第Ⅲ阶段，围土压力作用使凹陷管道又一次发生塑性变形，等效塑性应变随着外载荷的增大而逐渐增大，该阶段中管道的塑性应变区域仍是在上半部分，下半部分无塑性变形。

第Ⅳ阶段，管道底部出现了塑性变形，管道等效塑性应变随着外载荷的增大而增大。

第Ⅴ阶段，管道内壁发生自接触，等效塑性应达到临界点，该阶段管道的屈曲以沿管道轴向传播为主，等效塑性应变变化较小。

图 7-38 所示为凹陷管道在产生凹陷和挤毁阶段中的横截面面积变化率曲线。

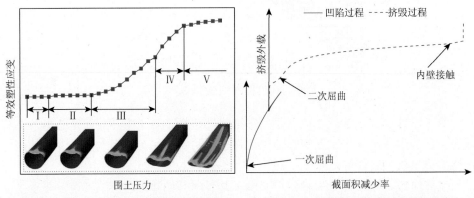

图 7-37　凹陷管道最大等效塑性应变曲线　　　图 7-38　凹陷管道截面积减少率曲线

凹陷阶段：在外载荷作用下，管道首次出现局部屈曲，并逐渐形成凹陷，管道横截面积逐渐减小；当外载荷卸载后，弹性变形恢复，在管道外壁形成了永久塑性变形，该过程中横截面积逐渐增大。

挤毁阶段：在地层载荷作用下，凹陷管道首先发生弹性变形；随着地层载荷的增大，管道出现了二次屈曲，凹陷管道的截面积迅速减小，直至管道内壁发生接触；当管道内壁发生接触后，管道截面积出现了一定程度减小后，便出现了一个稳定阶段，不再随外载荷的变化而变化。

不同挤毁阶段的凹陷管道横截面等效应力云图如图 7-39 所示。由于凹陷管道下半部分仍为圆形，因而仍具一定的回弹性能；当地层载荷较小时，凹陷管道发生弹性变形，此时管道截面积降低了 12.46%；随着地层载荷的增大，塑性应变逐渐在管道截面两侧和底部产生，管道发生二次屈曲，该阶段管道截面积降低了 19.06%；由于横截面变形引起管道的承载能力急剧下降，此时管道的横截面积迅速减小，减小率达到 56.45%；当管道内壁发生接触时，管道横截面积减小了 79.36%。由于凹陷的作用，最终使得凹陷管道的两侧向上翘起。

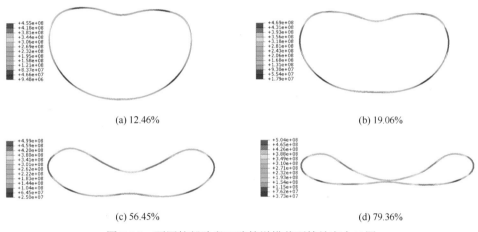

(a) 12.46%　　　　　　　　　　　　　　(b) 19.06%

(c) 56.45%　　　　　　　　　　　　　　(d) 79.36%

图 7-39　不同挤毁阶段凹陷管道横截面等效应力云图

2. 凹陷率对挤毁行为影响分析

为研究初始凹陷率对管道后期挤毁行为的影响，对不同凹陷率管道进行数值挤毁试验。图 7-40 所示为凹陷率为 23.87%的管道变形过程，随着地层载荷的增大，凹陷管道逐渐被挤毁；管道挤毁过程中，出现凹陷一侧管道的变形较大，而另一侧管道的变形率较小；管道被挤毁后，横截面两侧的等效应力较大，在这两处的管道曲率半径最小；在管道被挤毁过程中，凹陷处管道的曲率半径则逐渐增大。

图 7-41 所示为不同凹陷率管道截面积变化率随地层载荷的变化曲线。随着地层载荷的增大，管道横截面积逐渐减小；初始凹陷率越大，挤毁过程中管道横截面积的变化率越大；当达到临界点时，各个凹陷管道的截面积变化率相同，该临界点为管道内壁初始接触时刻；地层载荷超过临界点以后，初始凹陷率较大的管

道最终横截面积变化率较小，而小凹陷率管道的横截面积变化率较大。

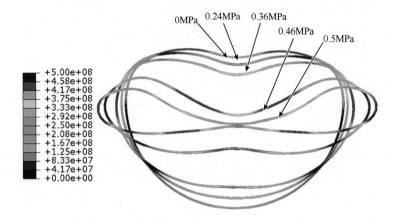

图 7-40　凹陷率为 23.87%管道等效应力变化过程

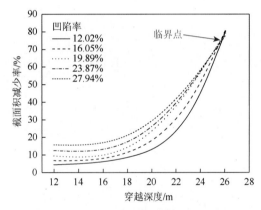

图 7-41　不同凹陷率管道截面积减少率

图 7-42 所示为不同凹陷率管道侧边点的等效塑性应变变化曲线。挤毁过程中的弹性变形阶段，管道侧边未出现塑性应变；随着外载荷的增加，管道横截面侧边出现塑性应变，并逐渐增大，该阶段的塑性应变与初始凹陷率无关；当管道出现二次屈曲后，初始凹陷率的作用逐渐明显；特别是当管道内壁发生接触后，初始凹陷率较大的管道侧边等效塑性应变较小，而小凹陷率管道的等效塑性应变较大。

由管道截面等效塑性应变云图可知，当凹陷率小于 19.89%时，管道横截面出现 4 处塑性变形区；而随着凹陷率的增大，在管道上半部分也出现了塑性应变区。这是由于管道的初始凹陷率过大，在凹陷产生过程中，在凹陷部位的两侧也出现了较大的塑性应变；同时，管壁发生了应变硬化，在后期的挤毁过程中，该部分的变形较小，因而初始凹陷率大的管道挤毁后的横截面积大于小凹陷率管道。

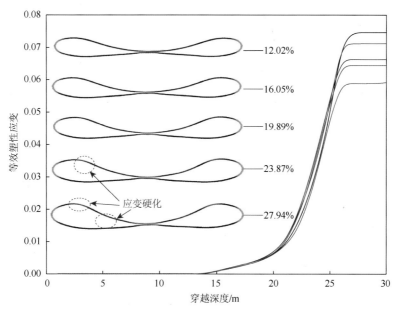

图 7-42　不同凹陷率管道等效塑性应变曲线

第8章 管道防护装置设计及力学行为研究

无论是定向穿越管道还是沟埋油气管道，当其跨越地震带、滑坡地区、沉陷区、砾石层等地质灾害区域时，易造成穿越管道的断裂、砸伤、压瘪等事故，从而导致管道中的石油或天然气泄漏，造成爆炸、火灾等事故，污染河流、农田等自然环境，会给社会和人们生活带来极大的损失[141, 142]。因而需要设计油气管道防护装置，延长管道使用寿命，提高其抗风险能力，保证油气的正常输送，降低油气管道安全事故的发生。

8.1 油气管道防护装置结构设计

8.1.1 定向穿越管道防护结构设计

图 8-1 为具有自主知识产权的定向穿越管道防护装置，由穿越管道、防护管道、端部壳体、法兰结构、支撑节、隔挡板、密封圈、卡瓦组成。其中，法兰结构由上下法兰盘及螺钉组成，支撑节由上预紧件、下预紧件和卡瓦组成。

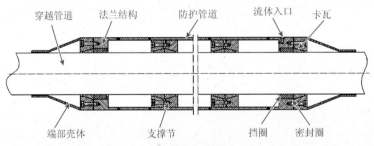

图 8-1 定向穿越管道防护结构

防护管道套在穿越管道外部，防护管道的总长度等于穿越管道中需要保护的长度，各防护管道之间焊接连接，防护管道端部与法兰结构连接；在焊接位置附近的防护管道内部设置支撑节，支撑节是由上预紧件、下预紧件和卡瓦组成，上预紧件和下预紧件用螺钉连接，上预紧件和下预紧件均与卡瓦用斜面接触，下预紧件与防护管道用焊接连接，上预紧件的外径小于防护管道的内径，在预紧力作用下实现卡瓦对穿越管道的支撑和抱紧；下法兰盘上开设流体入口，防护管道与穿越管道之间的环形空间充满流体，流体的压力小于穿越管道的内部介质压力，由于支撑节中的卡瓦存在间隙，流体可以通过各支撑节相互贯通；下法兰盘内部安装隔挡板，在隔挡板与卡瓦之间加密封圈，实现对环空流体的轴向密封；端盖与卡瓦用斜面连接，在螺钉力的作用下，实现卡瓦与穿越管道的抱紧，以克服在拖拽过程中防护管道外壁产生的摩擦力，卡瓦与端盖、上预紧件、下预紧件的斜面斜率相同；端部壳体用螺钉或焊接连接在端盖端部，在管道拖拽过程中可以降低摩擦阻力。

该管道防护装置的特点为：

（1）该定向穿越管道防护装置采用的防护管道能有效地保护穿越管道，减少因井壁失稳、断层运动等引发的穿越管道挤毁、砸伤、局部破裂等事故，降低穿越管道在地质灾害下的失效概率。

（2）该定向穿越管道防护装置的环空充满流体，能避免因防护管道局部失效而造成穿越管道的受力不均匀。

（3）该定向穿越管道防护装置中的密封结构可靠，能有效地封堵环空流体。

（4）该定向穿越管道防护装置的占用空间小、结构简单、设置灵活，对长距离穿越管道的任何部位均能实现良好的防护。

（5）防护管道与穿越管道间可设置管道自动检测装置，当防护管道发生局部失效时，可跟踪管道局部失效过程，提前采取相应技术措施，避免油气泄漏。

该管道防护装置的工作原理为：在管道穿越铺设过程中，对穿越管道中需要防护的位置安装防护装置，再对穿越管道进行拖拽，当防护装置的末端将要进入孔眼之前，从流体入口对防护管道与穿越管道之间的环形空间注入流体，完成后用堵头封堵流体入口，继续对穿越管道向前拖拽，直到防护装置到达所需要保护的地层位置。

8.1.2　埋地管道防护结构设计

由于埋地管道不需要进行拖拽等施工步骤，因而埋地管道的防护结构与定向穿越管道有所不同。图 8-2 所示为埋地管道用带压防护结构，该结构与图 8-1 所示的定向穿越管道防护结构基本相同，仅仅是支撑节不同。图 8-2 中的防护管道

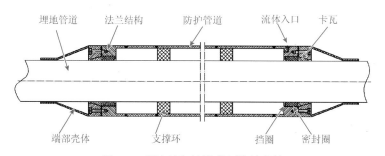

图 8-2　埋地油气管道带压防护结构

与埋地管道之间采用支撑环进行支撑，支撑环采用硅橡胶、塑料等材料，支撑环为环形结构，支撑环中采用镂空结构，可实现流体的自由流动。

图 8-3 所示为埋地管道用无压防护结构，该装置结构简单。主要由埋地管道、防护管道、支撑环，端部壳体等结构组成。防护管道套在埋地管道外部，防护管道的总长度等于埋地管道中需要保护的长度，各防护管道之间用焊接连接，防护管道端部与端部锥形壳体连接。埋地管道与防护管道之间采用支撑环隔开，支撑环材料可选用硅橡胶、聚四氟乙烯、工程塑料等。埋地管道与防护管道之间不需要进行密封，结构较为简单。

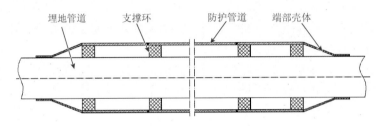

图 8-3　埋地油气管道无压防护结构

该结构特点为：

（1）该埋地管道防护装置采用的防护管道能有效地保护埋地管道，减少因地震断层、滑坡、地层沉陷、危岩崩塌等造成埋地管道发生压溃、砸伤、局部破裂等事故，提高埋地管道的运营安全性能。

（2）该埋地管道防护装置的防护管道与埋地管道之间采用支撑环间隔，防护管道最先发生局部失效，可避免埋地管道的直接损伤。

（3）该埋地管道防护装置占用空间小、结构简单、管道敷设施工较为简单，对危险地段的埋地管道可直接进行敷设。

（4）防护管道内部可设置管道检测装置，当防护管道发生局部失效时，可直接进行检测，以便及时维修或更换，可避免埋地管道的直接失效。

8.2　带防护装置管道力学行为研究

8.2.1　跨断层管道力学行为研究

1. 硬岩区走滑断层工况

输送管道外径 660mm，防护管道外径 813mm，防护装置环空中无压力。通过计算，当输送管内无介质压力、断层位错量为 2.6D 时，输送管道应力云图如图 8-4 所示。

图 8-4　输送管道应力云图

当输送管道无防护装置时，断层面处的管段出现应力集中，距离断层面越远，管道应力越小；当管道增设防护装置后，其应力集中程度明显减小；当防护管道壁厚为 8mm 时，管道应力集中现象仍出现在断层面处，说明硬岩区断层面处管道最危险；随着防护管道壁厚的增加，断层面处管道的应力集中现象逐渐消失，而在断层面两侧的管道出现了高应力区。

图 8-5 所示为输送管道的等效塑性应变云图，当无防护管道时，输送管道出现了较为严重的变形，断层面处管道被挤毁。增设防护装置后，当防护管道壁厚为 8mm 时，管道挤毁变形程度明显减小，但仍存在塑性变形。随着防护管道壁厚的增大，管道塑性变形逐渐消失。当防护管道壁厚大于 14mm 时，输送管道仅发生弹性变形。说明所设计的防护装置明显降低了输送管道发生失效的概率，提高了其使用寿命。

图 8-5　输送管道等效塑性应变

图 8-6 所示为不同壁厚防护管道在相同断层位错量下的应力云图。硬岩区防护管道的应力集中出现在断层面处，随着管道壁厚的增加，防护管道的应力集中范围逐渐减小，说明防护管道的失效范围减小。因而，通过增加防护管道壁厚可提高其抗变形能力，可以有效地保护内部输送管道的安全。

图 8-6　防护管道应力云图

2. 软土区逆断层工况

为了研究防护装置对压力输送管道的影响，以软土区逆断层工况为例进行分析，输送管道外径为660mm，防护管道外径为762mm，输送介质压力为5.65MPa，防护装置环空充压0.3MPa。当逆断层位错量为2.88D时，压力输送管道应力云图如图8-7所示。

图8-7　压力输送管道应力云图

当输送管道无防护装置时，断层面两侧管段各出现了一处应力集中，且整个管段的应力均较大。当设置防护装置以后，管道的整体应力明显降低，断层面两侧的管道出现高应力区，但管道变形仍较为光滑。

图8-8所示为压力输送管道屈曲形貌。未设置防护装置前，压力输送管道出现了两处塑性变形，上盘区管道出现了一道皱起，而在下盘区的管道出现了三道皱起，且管道最大等效塑性应变为0.1418。设置防护装置以后，压力输送管道仅出现了一处塑性变形，塑性变形呈节状分布，但其最大等效塑性应变仅为0.0053。说明防护装置可以明显降低压力输送管道发生屈曲失效的概率。

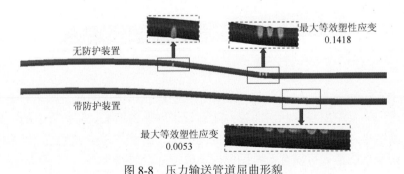

图8-8　压力输送管道屈曲形貌

8.2.2　落石冲击管道力学行为研究

1. 双层管道计算模型

为了避免埋地管道在落石冲击作用下发生失效，本书设计了一种管道防护装置，可以有效地保护埋地管道，降低其发生失效的概率。因而，为研究防护装置的可靠性及可行性，建立带有防护管道的落石冲击模型，分析球形落石冲击作用下管道的力学行为。

模型中的防护管道外径为 1016mm、壁厚为 10mm，内层输送管道外径为 813mm、壁厚为 8mm。球形落石半径为 0.87m，落石冲击速度为 25m/s。各部件网格划分、边界条件设置如前文所述。

2. 计算结果分析

假定防护管道与输送管道的环空中介质压力为 0.1MPa，由于无压管道受落石冲击的影响远远大于压力管道，计算模型设定输送管道为无压管道，模拟计算落石冲击速度为 20m/s，防护管道壁厚分别为 10mm、15mm 和 20mm 时防护管道与输送管道的力学响应。

图 8-9 所示为不同壁厚防护管道承受的冲击力变化曲线，三种防护管道的冲击力变化趋势基本相同，它们承受的最大冲击力基本相同。从整体上看，在冲击力波动过程中，防护管道壁厚越厚，冲击力的幅值越大。

图 8-10 所示为输送管道承受冲击力变化曲线，当无防护装置时，输送管道受到的最大冲击力达到 400kN，而后衰减；增设有防护管道的输送管道承受冲击力的变化趋势较为接近，但防护管道壁厚越厚，输送管道承受的冲击力越小；当防护管道壁厚为 10mm 和 15mm 时，输送管道承受的最大冲击力为 200kN，表明该工况下输送管道仍然会受到较大的损伤；当防护管道壁厚为 20mm 时，输送管道未受到落石冲击的影响，说明所设计的管道防护装置可以有效地保护埋地管道免受落石冲击或减缓其损伤程度。

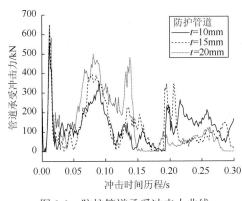

图 8-9　防护管道承受冲击力曲线

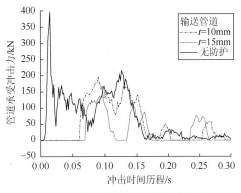

图 8-10　输送管道承受冲击力曲线

图 8-11 所示为防护管道和输送管道的应力分布云图。可知，防护管道壁厚越薄，落石冲击作用下防护管道产生的凹陷越大，高应力区越广；但当其壁厚为

20mm 时，管道顶部的残余应力最大；当无防护装置时，输送管道出现了较大的凹陷区域，且高应力区范围较长；当增设防护管道后，随着防护管道壁厚的增大，输送管道的应力逐渐减小，当防护管道壁厚为 20mm 时，输送管道与防护管道未发生接触，说明其未受到落石冲击的影响。因而，防护管道壁厚越厚，其对输送管道的保护效果越好。

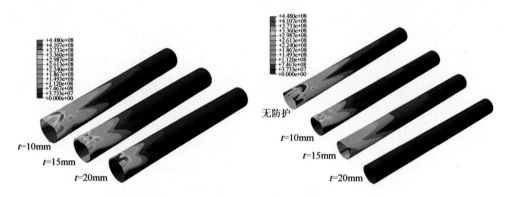

图 8-11　防护管道与输送管道应力分布

图 8-12 所示为不同工况下输送管道截面变形图。当无防护装置时，输送管道截面呈桃形，且凹陷的轴向长度较长；当增设防护装置以后，输送管道变形明显减小，且随着防护管道壁厚的增大，输送管道的变形越小，冲击凹陷的深度和长度也越小；当防护管道壁厚为 20mm 时，输送管道截面为圆形，并发生变形，该工况下的管道处于安全状态。

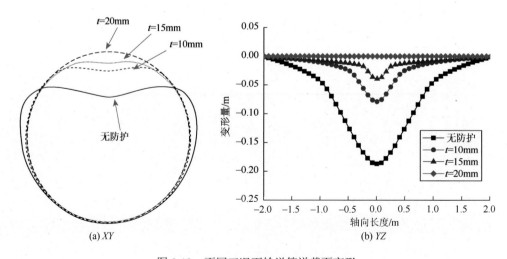

图 8-12　不同工况下输送管道截面变形

图 8-13 所示为不同工况下防护管道和输送管道的塑性应变云图。可知，在落石冲击作用下，防护管道出现了较大的塑性变形区，随着防护管道壁厚的增大，其塑性区逐渐减小；增设防护装置以后，输送管道的塑性变形区逐渐减小，当防护装置壁厚达到 20mm 时，计算工况下输送管道未受到落石冲击的影响。

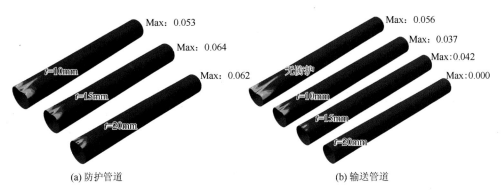

(a) 防护管道　　　　　　　　　　　(b) 输送管道

图 8-13　防护管道与输送管道塑性应变分布

8.2.3　不均匀沉降区管道力学研究

1. 数值计算模型

为了提高管道的使用寿命，本书所设计的管道防护装置可用于固结沉降地段的管道保护。为验证所设计的防护管道的性能优劣，建立了防护管道在不均匀沉降区域的数值计算模型。输送管道的外径为 660mm、壁厚为 8mm，外层防护管道的外径为 762mm、壁厚为 8mm，两种管道的材质相同，均为 X65；地层参数与前文相同。

2. 无压输送管道

当输送管道压力为 0 时，其在设置防护管道前后的等效应力云图如图 8-14 所示。当地表沉降量为 300mm 时，防护管道与输送管道均未出现塑性变形，无防护装置的输送管道在沉降区段的顶部和底部均出现了高应力区；有防护装置的管道最大等效应力明显降低，且应力分布发生了变化。

当地表沉降量为 500mm 时，无防护装置的输送管道在沉降段的管底和非沉降段的管顶均出现了塑性变形，且沉降段的塑性变形范围较大；有防护装置的管道出现两个高应力区，但其最大等效应力仍小于 300MPa，未发生塑性变形。可见，防护装置对输送管道的保护效果较为明显。

当地表沉降量为 300mm 时，输送管道弯曲变形曲线如图 8-15 所示。虽然在沉降区中无防护装置输送管道的沉降量小于带防护装置工况，但是针对两个弯曲变形较大的危险位置，增设防护装置后，输送管道在两个拐点的弯曲曲率半径明显增大，其受到的弯矩相对较小，表明管道更加安全。

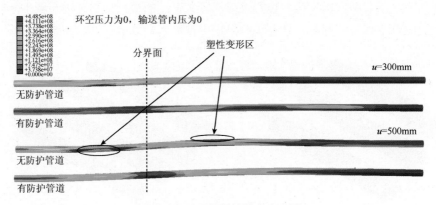

图 8-14　无压管道等效应力云图

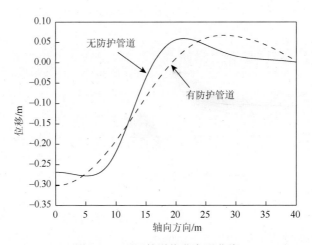

图 8-15　无压管道挠曲变形曲线

3. 压力输送管道

当输送管道的内压为 $0.2P_{max}$ 时，不同工况下的管道等效应力云图如图 8-16 所示。当地表沉降量为 300mm 时，无防护装置的压力管道在沉降区的管道下部出现了塑性变形，而增设防护装置的两种工况管道的等效应力明显较小；管道增设防护装置后，当环空压力为 0 时，整个管道的应力分布较为均匀，而当环空压力为 0.5MPa 时，管壁上的应力分布不再均匀。

当地表沉降量为 500mm 时，无防护装置的压力管道在沉降段的管底和非沉降段的管顶均出现了塑性变形，且沉降段的塑性变形范围较大；增设防护装置后的两种工况管道在沉降区的管顶和非沉降区的管底出现了高应力区，但仍未出现塑性变形；环空压力 0.5MPa 工况下的压力管道最大等效应力小于环空压力为 0 工况。

说明在地层沉降区设置防护装置可以降低地层沉降作用下的管道应力，且防护装置中环空压力越大对输送管道越有利，但要控制环空压力不能超过无压管道的极限屈曲载荷，否则输送管道在空管工况下可能出现挤毁现象。

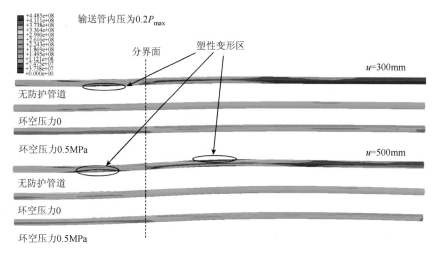

图 8-16　压力管道等效应力云图

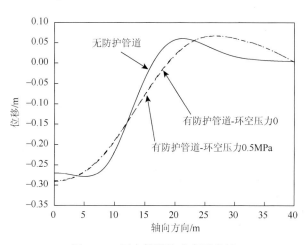

图 8-17　压力管道挠曲变形曲线

当地表沉降量为 300mm 时，压力管道在不同工况下的弯曲变形曲线如图 8-17 所示。虽然在沉降区中无防护装置输送管道的沉降量小于带防护装置工况，但是针对两个弯曲变形较大的危险位置，设置防护装置后，管道在两个拐点的弯曲曲率半径明显增大，管道相对较为安全；防护装置中环空压力的变化基本不影响压力管道的弯曲变形，其变形主要是由于外层防护管道的变形作用引起的。

当输送管道的内压为 $0.2P_{max}$ 时，不同工况下的压力管道未出现塑性变形时的地表极限沉降量如图 8-18 所示。管道增设防护装置后，其能承受的极限地表沉降量明显增大；当防护装置的环空压力为 0 时，其所能承受的极限沉降量较常规工况提高了 80%；当环空压力为 0.5MPa 时，其所能承受的极限沉降量较常规工况提高了 120%。说明防护装置可以增强其承载极限，提高其使用寿命，降低泄漏事故的发生。另外，防护装置的性能还与外层保护管道的径厚比、环空大小有较大的关系。

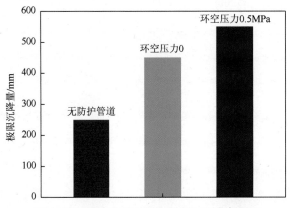

图 8-18　不同工况下管道承受的极限沉降量

8.2.4　穿越管道凹陷行为研究

1. 孤石挤压穿越管道过程分析

当地层中孤石运动引起防护管道的变形小于环空间距时，只有防护管道发生局部变形，而不会引起内部输送管道的变形，此时的输送管道是非常安全的；当地层中孤石挤压防护管道变形过大时，防护管道会与输送管道发生接触，并开始挤压输送管道，此时是危险的，因而需要对该工况进行评价。

为此，本节建立孤石挤压双层管道的数值计算模型，防护管道外径为 762mm、壁厚为 8mm，输送管道外径为 660mm、壁厚为 8mm，两种管材材质相同，孤石位移为 200mm，孤石半径为 150mm，双层管环空中压力为 0。

图 8-19 为双层管不同阶段的等效应力云图，由于双层管环空的存在，在防护管道未接触输送管道之前，只有防护管道发生变形，在孤石作用下产生了凹陷；随着孤石位移的增大，两个管壁发生接触，输送管道在外部防护管道的作用下应力逐渐增大，并在接触部位出现凹陷，在凹陷部位出现了高应力区；当孤石卸载或消失后，管道发生的弹性变形开始恢复，形成永久塑性变形，但输送管道的凹陷小于防护管道，凹陷管道的高应力区主要集中在受挤压一侧，凹陷外沿的残余应力较大。

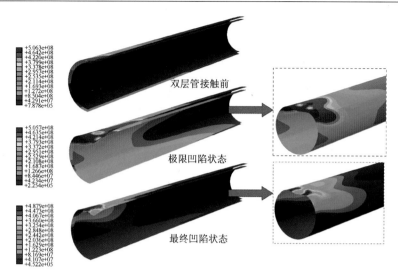

图 8-19　不同阶段双层管等效应力云图

2. 环空压力对管道凹陷行为影响分析

当孤石位移为 200m、环空间距为 50mm 时，双层管环空中充满不同压力介质时的管道凹陷率如图 8-20 所示。随着环空压力的增大，输送管道的凹陷率逐渐减小，这是由于环空压力增大了防护管道的等效刚度，当孤石载荷消失时，环空压力可以增强防护管道的回弹率；而输送管道却随着环空压力的增大而增大，这是由于环空压力作用于输送管道外部，当输送管道受外部挤压产生凹陷后，外部的压力更加强了凹陷的程度，抵抗管道本身的回弹，因而使其凹陷现象更为严重。

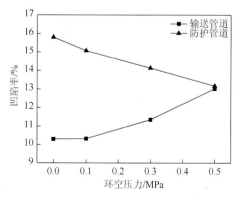

图 8-20　环空压力对管道凹陷率的影响

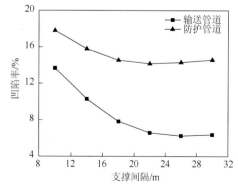

图 8-21　支撑间隔对管道凹陷率的影响

为了保证输送管道的安全，当输送管道未出现塑性变形时，假设环空压力为

0MPa、0.1MPa、0.3MPa 和 0.5MPa 时，双层管对应的极限外载荷分别为 124.8kN、122.6kN、150.1kN 和 178.7kN。可见，环空压力可以增强整个双层管的抗外载能力，但是环空压力不宜过大；当环空压力过大时，如果输送管道存在局部缺陷，而管道内部又无流体压力时，可能把输送管道挤毁。

3. 支撑间隔对管道凹陷变形影响分析

当防护管道的距离较长时，需要在双层管的环空中安装支撑节，而支撑节之间的间隔将影响管道的抗外载能力。当支撑节间隔取不同值时，双层管的凹陷率如图 8-21 所示，防护管道的凹陷率大于输送管道，说明内层管道可以有效地被防护管道保护；随着支撑间隔的增大，防护管道和输送管道的凹陷率逐渐降低，变化率逐渐减小，这是由于支撑间隔越小，当中部的管道受外载作用时，整个管道的变形挠度越小，更容易被挤压产生凹陷；当支撑间隔大于 22m 后，两种管道的凹陷率变化很小，说明当间隔长度达到一定值后，将不会影响外载作用下的管道凹陷变形。

图 8-22 所示为不同支撑间隔所对应的输送管道等效应力云图。由于输送管道产生了凹陷，在凹陷中心的等效应力小于凹陷外沿；随着支撑间隔的增大，管道的高应力区逐渐减小，且当支撑间隔大于 22m 后，管道的等效应力云图基本保持不变。

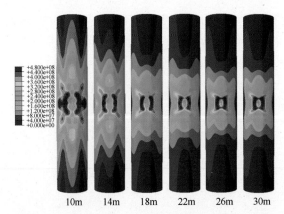

图 8-22　不同支撑间隔下的输送管道等效应力云图

8.2.5　穿越管道挤毁行为研究

为研究所设计的防护管道的抗挤毁能力，建立增设防护装置的管道数值计算模型，内层输送管道外径为 660mm、壁厚为 8mm，外层保护管道的外径为 762mm、壁厚为 8mm，穿越孔壁直径为 960mm，其他参数及设置如前文所述。

当双层管环空中无压力作用时，其与单层管在不同阶段的变形如图 8-23 所示。在相同的地层运动作用下，单层管的变形远大于带有防护装置的输送管道；当单层输送管出现较大的椭圆变形时，带防护装置的输送管道还未发生变形；而当单层输送管被挤毁并沿轴向扩展时，带防护的输送管道才出现了椭圆变形。因而，本书设计的双层防护结构可以有效地保护穿越管道，防止发生挤毁事故。

图 8-24 所示为输送管道中间截面两侧的等效塑性应变随穿越深度的变化曲线。单层输送管道的两侧边在穿越深度为 15m 时，开始出现塑性应变，而带防护的输送管道在穿越深度 23m 后才会出现塑性变形；单层输送管道发生挤毁时的极限穿越深度为 25m，而双层管的极限穿越深度为 32m，抗挤毁能力提高了 28%。

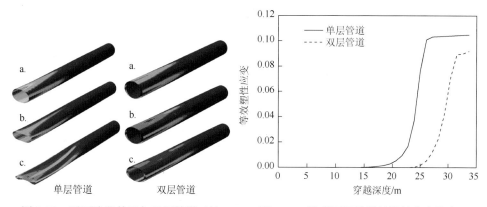

图 8-23　不同阶段单层与双层管道对比　　　图 8-24　横截面侧边等效塑性应变随穿越深度变化

当环空压力为 0.4MPa 时，当输送管道发生塑性变形之前，防护管道和输送管道的等效应力如图 8-25 所示。此时，防护管道的上下部均出现了大面积的高应力区，而输送管道仅在管道顶部出现高应力区，这还是由于防护管道与输送管道出现了接触，防护管道对输送管道的挤压使其出现了局部高应力区，但输送管道并未达到塑性极限。

图 8-26 所示为不同环空压力作用下的双层管极限穿越深度。随着环空压力的增大，双层管的极限穿越深度逐渐增大，且近似为线性关系。由于输送管道的挤毁压力为 0.83MPa，因而环空压力不宜超过该值；但是当管道出现局部变形时，即使环空压力小于 0.83MPa，也会挤毁内部的输送管道，通过分析得知该工况下的环空压力为 0.6MPa 较为适宜，可以保证双层管具有极高的抗外载能力。

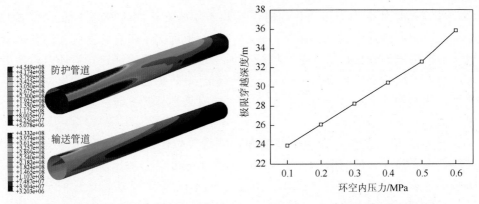

图 8-25　输送管道塑性变形之前等效应力　　　　图 8-26　双层管极限穿越深度

参 考 文 献

[1] 钱兴坤，姜学峰. 2014 年国内外油气行业发展报告[M]. 北京：石油工业出版社，2015.

[2] 王滨. 断层作用下埋地钢质管道反应分析方法研究[D]. 大连：大连理工大学，2011.

[3] 高安荣，田楠. 全球油气资源分布及我国海外油气资源战略举措[J]. 中外能源，2011，15（9）：15-20.

[4] 祝悫智，段沛夏，王红菊，等. 全球油气管道建设现状及发展趋势[J]. 油气储运，2015.

[5] 何波，安海忠，方伟，等. 全球油气资源投资环境的评价与优选[J]. 资源与产业，2013，18（6）：114-118.

[6] 安琪儿，安海忠，方伟，等. 中国页岩气开发中的国际合作[J]. 资源与产业，2013，18（6）：7-12.

[7] 王保群，林燕红，焦中良. 我国天然气管道现状及发展方向[J]. 国际石油经济，2013，（8）：76-79.

[8] 张杰，梁政，韩传军. 定向穿越管道的挤毁失效及其防护装置的设计[J]. 天然气工业，2015，35（11）：91-96.

[9] 赵忠刚，姚安林，赵学芬，等. 长输管道地质灾害的类型、防控措施和预测方法[J]. 石油工程建设，2006，32（1）：7-12.

[10] 帅健，王晓霖，左尚志. 地质灾害作用下管道的破坏行为与防护对策[J]. 焊管，2008，31（5）：9-15.

[11] 庞伟军，邓清禄. 地质灾害对输气管道的危害及防护措施[J]. 中国地质灾害与防治学报，2014，25（3）：114-120.

[12] 李效萌，刘廷，黄志强. 中缅油气管道安顺—贵阳段地质灾害类型及其成因分析[J]. 安全与环境工程，2012，19（3）：11-14.

[13] 苏培东，罗倩，姚安林，等. 西气东输管道沿线地质灾害特征研究[J]. 地质灾害与环境保护，2009，20（2）：25-28.

[14] 钟威，高剑锋. 油气管道典型地质灾害危险性评价[J]. 油气储运，2015，34（9）：934-938.

[15] Ha D, Abdoun T H, O' Rourke M J, et al. Centrifuge modeling of earthquake effects on buried high density Polyethylene（HDPE）pipelines crossing fault zones[J]. Journal of Geotechnical and Geoenvironmental Engineering，2008，134（10）：1501-1515.

[16] 刘爱文. 基于壳模型的埋地管线抗震分析[D]. 北京：中国地震局地球物理研究所，2002.

[17] 毛建猛，李鸿晶. 跨越断层地下管线震害因素分析[J]. 国际地震动态，2005，（4）：27-31.

[18] 王联伟. 几种在役管道典型地质灾害评价方法研究[D]. 北京：北京科技大学，2014.

[19] 荆宏远. 落石冲击下浅埋管道动力学响应分析与模拟[D]. 武汉：中国地质大学，2007.

[20] 王东源，赵宇，王成华. 阳坝落石对输油管道的冲击分析[J]. 自然灾害学报，2013，22（3）：229-235.

[21] 中国石油天然气管道工程有限公司. 中缅油气管道（国内段）地质灾害防治研究报告，2011GJTC-05-01[R]. 廊坊：中国石油天然气管道工程有限公司，2013.

[22] 孙中菊. 地面堆载作用下埋地管道的力学性状分析[D]. 杭州：浙江大学，2014.

[23] 王晓霖. 典型不良地质条件下埋地管道安全评定方法研究[D]. 北京：中国石油大学，2009.

[24] 顾军. 综述地面沉降对埋地燃气管道的影响研究[J]. 上海煤气，2012，56（3）：39-42.

[25] Newmark N M，Hall W J. Pipeline design to resist large fault displacement[C]. Proceedings of US Conference on Earthquake Engineering，Ann Arbor，Michigan，1975：416-425.

[26] Kennedy R P，Chow A W，Williamson R A. Fault movement effects on buried oil pipeline[J]. Transportation Engineering Journal，1977，103：617-633.

[27] Wang L R L，Yeh Y H. A refined seismic analysis and design of buried pipeline for fault movement[J]. Earthquake Engineering and Structural Dynamic，1985，13：75-96.

[28] Chiou Y J，Chi S Y. A study on buried pipeline response to fault movement[J]. Journal of Pressure Vessel Technology. ASME，1994，116：36-41.

[29] Karamitros D K，Bouckovalas G D，Kouretzis G P. Stress analysis of buried steel pipelines at strike-slip fault crossings[J]. Soil Dynamics and Earthquake Engineering，2006，27：200-211.

[30] 陈冠卿. 活动断层区埋地管道的设计要求及防范措施[J]. 油气储运，1988，7（1）：27-35.

[31] 陶勇寅，柳广乐. 管道在地震断层作用下的位移内力分析[J]. 油气储运，1994，13（2）：13-16.

[32] 刘爱文，张素灵，胡聿贤，等. 地震断层作用下埋地管线的反应分析[J]. 地震工程与工程振动，2002，22（2）：22-27.

[33] 侯忠良，甘文水，肖五虎. 秦京输油管线的抗震鉴定[R]. 北京：冶金工业部建筑研究总院防灾抗震工程研究所，1991.

[34] 张进国，吕英民. 地震裂缝错位作用时埋地管道的有限元分析[J]. 油气储运，1997，16（2）：28-30.

[35] 郭恩栋，冯启民. 跨断层埋地钢管抗震设计方法研究[J]. 地震工程与工程振动，2001，21（4）：80-87.

[36] Tohidi R Z，Shakib H. Response of steel buried pipeline to three dimensional fault movement[J]. Journal of Science and Technology，2003，14（56）：1127-1135.

[37] Gu X T，Zhang H. Research on aseismatic measures of gas pipeline crossing a fault for strain-based design[C]. 2009ASME Pressure Vessels and Piping Conference，Prague，Czech republic，2009：571-580.

[38] 刘爱文，胡聿贤，李小军，等. 大口径埋地钢管在地震断层作用下破坏模式的研究[J]. 工程力学，2005，22（3）：82-87.

[39] Kuwata Y，Takada S，Ivvanov R. Estimation of allowable fault displacement for pipelines and countermeasures[C]. Proceedings of the Pipeline Division Specialty Conference，Houston，TX，United States，2005：674-685.

[40] Li X J，Hou C L，Zhao L，et al. Improved newmark method for analyzing response of buried pipeline crossing fault[J]. Rock and Soil Mechanics，2008，29（5）：1210-1216.

[41] 赵海宴，李小军，刘爱文. 济宁输气管道穿越活动断裂的抗震分析与设计[J]. 工程抗震与加固改造，2005，27（6）：85-88.

[42] 朱春生，朱庆杰，贾西法. 场地条件对地下管道地震破坏的影响分析[J]. 岩土力学，2006，27（增刊）：997-1001.

[43] Takada S，Liang J W，Li T Y. Shell model response of buried pipelines to large fault movement[J]. Journal of Structural Engineering，JSCE，1998，44a：1637-1646.

[44] Jiao Z L，Shuai J，Han K J. Response and trenchless technology 2009：Advances and experiences with pipelines and trenchless technology for water，sewer，gas，and oil Applications，Shanghai，China，2009：1212-1218.

[45] Vazouras P，Karamanos S A，Dakoulas P. Finite element analysis of buried steel pipelines under strinke-slip displacements[J]. Soil Dynamic and Earthquake Engineering，2010，30（11）：1361-1376.

[46] Zhang J，Liang Z，Han C J. Buckling behavior analysis of buried gas pipeline under strike-slip fault displacement [J]. Journal of Natural Gas Science and Engineering，2014，21：921-928.

[47] Konuk I，Phillips R，Huriey S，et al. Preliminary ovalisation measurements of buried pipelines subjuected to lateral loading[C]. 18th International Conference on Offshore Mechanics and Arctic Engineering，Newfoundland，Canada，1999：1-9.

[48] Yoshizaki K，Sakanoue T. Experimental study on soil-pipeline interaction using EPS backfill[C]. Pipelines 2003，Baltimore，Maryland，USA，2003：129.

[49] Yasuda S，Kishino H，Youshizaki K，et al. Countermeasures of buried steel pipes against surface fault rapture [C]. 13th World Conference on Earthquake Engineering，Vancouver，B.C，Canada，2004.

[50] Ha D，Abdoun T H，O'Rourke M J，et al. Earthquake faulting effects on buried pipelines-case history and centrifuge study[J]. Journal of Earthquake Engineering，2008，15（5）：646-669.

[51] 冯启民，郭恩栋，宋银美，等. 跨断层埋地管道抗震试验[J]. 地震工程与工程振动，2000，20（1）：56-62.

[52] 梁政. 滑坡地区管线应力和位移的分析[J]. 天然气工业，1991，11（3）：55-59.

[53] Rajani B B，Robertson P K，Morgenstern N R. Simplified design methods for pipelines subjected to transverse and longitudinal soil movements[A]. Canadian Geotechnical Journal[C]. 1995，32：309-323.

[54] O'Rourke M J，Liu X，Flores R B. Steel pipe wrinkling due to longitudinal permanent ground deformation[J]. Journal of Transportation Engineering. 1995，121（5）：443-451.

[55] Chan M，Peter D S. Soil-pipeline interaction in slopes[D]. University of Calgary，Canada，2000.

[56] 张东臣. 滑坡条件下埋地管道受力分析[J]. 石油规划设计，2001，12（6）：1-6.

[57] 刘慧. 滑坡作用下埋地管线反应分析[D]. 大连：大连理工大学，2008.

[58] 谢强，王雄，张建华，等. 不同滑坡形势下埋地管的纵向受力分析[J]. 地下空间与工程学报，2012，8（3）：505-510.

[59] 王磊. 滑坡作用对输气管道危害的初步研究[D]. 武汉：中国地质大学，2008.

[60] 焦中良. 滑坡及断层作用下管道的力学模型研究[D]. 北京：中国石油大学，2008.

[61] 郝建斌，刘建平，荆宏远，等. 横穿状态下滑坡对管道推力的计算[J]. 石油学报，2012，33（6）：1903-1907.

[62] 钱浩. 滑坡对输气管道的理学影响研究[D]. 成都：西南石油大学，2013.

[63] 林冬，雷宇，许可方，等. 横向滑坡对管道的影响试验[J]. 石油学报，2011，32（4）：728-732.

[64] Yuan F, Wang L, Guo Z, et al. A refined analytical model for landslide or debris flow impact on pipelines. Part I: Surface pipelines[J]. Applied Ocean Research, 2012, 35: 95-104.

[65] Yuan F, Wang L, Guo Z, et al. A refined analytical model for landslide or debris flow impact on pipelines. Part II: Embedded pipelines[J]. Applied Ocean Research, 2012, 35: 105-114.

[66] Zheng J Y, Zhang B J, Liu P F, et al. Failure analysis and safety evaluation of buried pipeline due to deflection of landslide process[J]. Engineering Failure Analysis, 2012, 25: 156-168.

[67] 王洪波, 张学增, 王鹏, 等. 冲击载荷下埋地管道基于应变的力学分析[J]. 石油工程建设, 2009, 35 (5): 1-4.

[68] 李渊博, 王建华, 张国涛, 等. 岩土崩塌冲击作用下埋地管道应力与变形分析[J]. 后勤工程学院学报, 2010, 26 (6): 31-35.

[69] 王鸿, 余志峰. 落石对埋地管道冲击作用的定量分析[J]. 石油工程建设, 2009, 35 (6): 5-8.

[70] 王小龙. 基于 ANSYS/LS-DYNA 的落石冲击作用下埋地输气管道动力影响分析[D]. 成都: 西南石油大学, 2008.

[71] 熊健, 邓清禄, 张宏亮, 等. 崩塌落石冲击载荷作用下埋地管道的安全评价[J]. 安全与环境工程, 2009, 35 (6): 5-8.

[72] 邓学晶, 薛世峰, 仝兴华. 崩塌岩体对埋地管线横向冲击作用的数值模拟[J]. 中国石油大学学报 (自然科学版), 2009, 33 (6): 111-115.

[73] Zhang J, Liang Z, Han C J. Numerical simulation of mechanical behavior of buried pipeline impacted by perilous rock[J]. Mechanika, 2015, 21 (4): 264-271.

[74] Zhang J, Liang Z, Han C J, et al. Buckling behaviour analysis of a buried steel pipeline in rock stratum impacted by a rockfall[J]. Engineering Failure Analysis, 2015, 58: 281-294.

[75] 韩传军, 张瀚, 张杰. 地表夯击载荷作用下埋地管道力学分析[J]. 中国安全生产科学技术, 2015, 11 (10): 61-67.

[76] 姜乐, 顾强康, 吴斌, 等. 危岩崩塌灾害作用下的管道可靠度模型研究[J]. 四川建筑科学研究, 2012, 38 (6): 61-64.

[77] 高惠瑛, 冯启民. 场地沉陷埋地管道反应分析方法[J]. 地震工程与工程振动, 1997, 17 (1): 68-74.

[78] 梁政. 石油工程中的若干力学问题[M]. 北京: 石油工业出版社, 1999.

[79] 尚尔京, 于永南. 地层塌陷区段埋地管道变形与应力分析[J]. 西安石油大学学报 (自然科学版), 2009, 24 (4): 46-49.

[80] 王同涛, 闫相祯, 杨秀娟. 基于弹塑性地基模型的湿陷性黄土地段悬空管道受力分析[J]. 中国石油大学学报 (自然科学版), 2010, 34 (4): 113-118.

[81] 王晓霖, 帅健, 张建强. 开采沉陷区埋地管道力学反应分析[J]. 岩土力学, 2011, 32 (11): 3373-3378.

[82] 关惠平, 姚安林, 谢飞鸿, 等. 采空塌陷区管道最大轴向应力计算及统计分析[J]. 天然气工业, 2009, 29 (11): 100-103.

[83] 张土乔, 李洵, 吴小刚. 地基差异沉降时管道的纵向力学性状分析[J]. 中国农村水利水电, 2003, 45 (7): 46-62.

[84] Zhang J, Liang Z, Han C J. Numerical modeling of mechanical behavior for buried steel

pipelines crossing subsidence strata[J]. Plos One，2015，（6）：1-16.

[85] 柳春光，史永霞. 沉陷区埋地管线数值模拟分析[J]. 地震工程与工程振动，2008，28（4）：178-183.

[86] 金浏，王苏，杜修力. 场地沉陷作用下埋地管道屈曲反应分析[J]. 世界地震工程，2011，27（2）：142-147.

[87] 高大钊. 土力学与基础工程[M]. 北京：中国建筑工业出版社，1999.

[88] 李镜培，丁士君. 邻近建筑载荷对地下管线的影响分析[J]. 同济大学学报（自然科学版），2004，32（12）：1553-1557.

[89] 吴小刚，吴军，宋洁人. 交通载荷下管道的位移响应分析初探[J]. 仪器仪表学报，2006，27（6）：14-l5.

[90] Noor M A，Dhar A S. Three-dimensional response of buried pipe under vehicle loads[C]. Proceedings of the ASCE International Conference on Pipeline Engineering and Construction，Baltimore，United states，2003. United States：ASCE，2003：658-665.

[91] Trickey S A，Moore I D. Thee-dimensional response of buried pipes under circular surface loading[J]. Journal of Geotechnical and Geoenvironmental Engineering，2007，133（2）：219-223.

[92] 帅健，王晓霖，叶远锡，等. 地面占压载荷作用下的管道应力分析[J]. 中国石油大学学报（自然科学版），2009，33（2）：99-103.

[93] Zhang J，Liang Z，Han C J. Effect of surrounding soil on stress-strain response of buried pipelines under ground loads[J]. The IES Journal Part A: Civil & Structural Engineering，2015，8（3）：197-203.

[94] 韩传军，张瀚，张杰. 地表载荷对硬岩区埋地管道应力应变影响分析[J]. 中国安全生产科学技术，2015，11（7）：23-29.

[95] Han C J，Zhang H，Zhang J. Mechanical properties of buried steel pipeline in rock stratum under surface load [J]. Electronic Journal of Geotechnical Engineering，2015，20（10）：4067-4077.

[96] 龚晓南，孙中菊，俞建霖. 地表超载引起邻近埋地管道的位移分析[J]. 岩土力学，2015，36（2）：305-310.

[97] Zhang J，Liang Z，Han C J. Finite element analysis of wrinkling of buried pressure pipeline under strike-slip fault[J]. Mechanika，2015，21（3）：180-186.

[98] Zhang J，Liang Z，Han C J，et al. Numerical simulation of buckling behavior of the buried steel pipeline under reverse fault displacement[J]. Mechanical Sciences，2015，6：203-210.

[99] Vazouras P，Karamanos S A，Dakoulas P. Mechanical behavior of buried steel pipes crossing active strike-slip faults[J]. Soil Dynamic and Earthquake Engineering，2012，41：164-180.

[100] Alashti R A，Jafari S，Hosseinipour S J. Experimental and numerical investigation of ductile damaege effect on load bearing capacity of a dented API XB pipe subjected to internal pressure[J]. Engineering Failure Analysis，2015，47：208-228.

[101] 王树丰，殷跃平，门玉明. 黄土滑坡微型桩抗滑作用现场试验与数值模拟[J]. 水文地质与工程，2010，37（6）：22-26.

[102] Zhang J，Liang Z，Han C J. Failure analysis and numerical simulation of the buried steel

　　　　pipeline in rock layer under strike-slip fault[J]. Journal of Failure Analysis and Prevention，2015.6：1-7

[103] 戴文亭，陈星，张弘强. 粘性土的动力特性实验及数值模拟[J]. 吉林大学学报（地球科学版），2008，38（5）：831-836.

[104] 陈明朋，齐立志，汤旅军，等. 砂土地层盾构隧道开挖面被动破坏极限支护力研究[J]. 岩土力学与工程学报，2013，32（增刊）：2877-2882.

[105] Zhang J，Liang Z，Han C J. Buckling analysis of buried steel pipelines crossing the thrust faults [J]. Strength，Fracture and Complexity，2013/2014，8：179-188.

[106] 勃洛达夫金. 埋设管线[M]. 北京：石油工业出版社，1980.

[107] Zhang J，Liang Z，Han C J. Effects of ellipsoidal corrosion defects on failure pressure of corroded pipelines based on finite element analysis [J]. International Journal of Electrochemical Science，2015，10：5036-5047.

[108] 向欣. 边坡落石运动特性及碰撞冲击作用研究[D]. 武汉：中国地质大学，2010.

[109] Butler D，Oelfke J，Oelfke L. Historic rockfall avalanches，Northeastern Glacier National Park，Montana，USA [J]. Mountain Research and Development，1986：6（3），261-271.

[110] Chau K，Wong R，Liu J. Rockfall hazard analysis for Hong Kong based on rockfall inventory[J]. Rock Mechanics and Rock Engineering，2003，36（5）：383-408.

[111] 路会龙，姚平喜，刘海英. 基于 ANSYS/LS-DYNA 的受控喷丸工艺过程仿真[J]. 机械设计与制造，2009，47（2）：214-216.

[112] 刘旭阳. TC4 钛合金动态本构关系研究[D]. 南京：南京航空航天大学，2010.

[113] 喻健良，秦磊. 受内部冲击弯管的破裂失效研究[J]. 振动与冲击，2010，29（10）：228-231.

[114] Zgang T G，Stronge W J. Rupture of thin ductile tubes by oblique impact of blunt missiles：experiments [J]. International Journal of Impact Engineering，1998，21（7）：571-578.

[115] Allouti M，Schmitt C，Pluvinage G，et al. Study of the influence of dent depth on the critical pressure of pipeline[J]. Engineering Failure Analysis，2012，21（4）：40-51.

[116] Zhang J，Liang Z，Han C J. Numerical simulation of pipeline deformation caused by rockfall impact [J]. The Scientific World Journal，2014，（5）：1-10.

[117] Zhang J，Liang Z，Han C J. Failure analysis and finite element simulation of above ground oil-gas pipeline impacted by rockfall[J]. Journal of Failure Analysis and Prevention，2014，14：530-536.

[118] 铁道部工务局. 铁路工务技术手册——路基[M]. 北京：中国铁道出版社，1995.

[119] 铁道部第二设计院. 铁道工程设计技术手册——隧道[M]. 北京：人民铁道出版社，1978.

[120] Labiouse V，Descoeudres F，Montani S. Experimental study of rock sheds impacted by rock blocks[J]. Structural Enginerring Internaltiona，1996，3（6）：171-176.

[121] Kawahara S，Muro T. Effects of dry density and thickness of sandy soil on impact response due to rockfall[J]. Journal of Terramechanics，2006，43（3）：329-340.

[122] 杨其新，关宝树. 落石冲击力计算方法的试验研究[J]. 铁道学报，1996，18（1）：101-106.

[123] Wang B，Cavers D S. A simplified approach for rockfall ground penetration and impact stress calculations[J]. Landslides，2008，5：305-310.

[124] Craig R F. Soil mechanics[M]. UK：Van Nostrand Reinhold，1987.

[125] 叶四桥，陈洪凯，唐红梅. 落石冲击力计算方法的比较研究[J]. 水文地质工程地质，2010，37（2）：59-64.

[126] 张杰，梁政，韩传军，等. 落石冲击作用下架设油气管道响应分析[J]. 中国安全生产科学技术，2015，11（7）：11-17.

[127] Zhang J，Liang Z，Han C J. Mechanical behaviour analysis of buried pressure pipeline crossing ground settlement zone[J]. International Journal of Pavement Engineering，2016.

[128] 赵欢，邓荣贵，高阳. 回填土不均匀沉降引起管道力学形状变化的分析[J]. 路基工程，2014，（1）：69-72.

[129] 续理. 非开挖管道定向穿越施工指南[M]. 北京：石油工业出版社，2009.

[130] Firouzsalari S E，Showkati H. Thorough investigation of continuously supported pipelines under combined pre-compression and denting loads[J]. International Journal of Pressure Vessels and Piping，2013，104：83-95.

[131] Ellinas C P，Walker A C. Damage on offshore tubular bracing members[J]. International Association of Bridges and Structural Engineering，1985，42（1）：253-261.

[132] Ong L S，Lu G. Collapse of tubular beams loaded by a wedge-shaped indenter[J]. Experimental Mechanics，1996，36（4）：374-378.

[133] Ramasamya R，Tuan Ya T M Y S. Nonlinear finite element analysis of collapse and post-collapse behaviour in dented submarine pipelines [J]. Applied Ocean Research，2014，46：116-123.

[134] Kennedy C R，Venard J T. Collapse of tubes by external pressure，Oak Ridge National Laboratory，a report submitted to US Atomic Energy Commission，ORN-TM-166，1962.

[135] Levy M. Memoirs of an integral case of the problem of elasticity and one of its application[J]. Journal de Mathematiques Pures et Appliquees，1884，10：5-42.

[136] Bryan G H. Application of the energy test to the collapse of a long pipe under external pressure[J]. Mathematical Proceedings of the Cambridge Philosophical Society，1888，6：287-92.

[137] Kyriakides S，Corona E. Mechanics of offshore pipeline：Buckling and Collapse[M]. Amsterdam：Elsevier，2007.

[138] Palmer A C，Martin J H. Buckle propagation in submarine pipelines[J]. Nature，1975，254：46-8.

[139] Steel W J M，Spence J. On the propagating buckle of deepwater pipelines[J]. In：Proc of offshore Mechanics and Arctic Engineering Conference ASME. 1983，5：187-92.

[140] Kyriakides S. Buckle propagation in pipe-in-pipe system，part Ⅰ-experiment[J]. International Journal of Solids and Structures，2002，39：351-66.

[141] Zhang J，Liang Z，Han C J. Failure pressure analysis of corroded pipelines with spherical corrosion pit [J]. Journal of Corrosion Science and Engineering，2015，18：1-10.

[142] 张杰，梁政，韩传军. 基于流固耦合的多弯管路系统动力学分析[J]. 中国安全生产科学技术，2014，10（8）：5-10.